生活因阅读而精彩

生活因阅读而精彩

兰 涛 ⊙编著

老板不说，却默默观察的25件事

LAOBANBUSHUOQUEMOMOGUANCHADEERSHIWUJIANSHI

中国华侨出版社

图书在版编目(CIP)数据

老板不说,却默默观察的 25 件事 / 兰涛编著.—北京:
中国华侨出版社,2012.1

ISBN 978-7-5113-1896-1

Ⅰ.①老… Ⅱ.①兰… Ⅲ.①成功心理–通俗读物
Ⅳ.①B848.4–49

中国版本图书馆 CIP 数据核字(2011)第247767号

老板不说,却默默观察的 25 件事

编　　著 / 兰　涛

责任编辑 / 尹　影

责任校对 / 李江亭

经　　销 / 新华书店

开　　本 / 787×1092 毫米　1/16 开　印张/18　字数/270 千字

印　　刷 / 北京金秋豪印刷有限公司

版　　次 / 2012 年 2 月第 1 版　2012 年 2 月第 1 次印刷

书　　号 / ISBN 978-7-5113-1896-1

定　　价 / 32.00 元

中国华侨出版社　北京市朝阳区静安里 26 号通成达大厦 3 层　邮编:100028

法律顾问:陈鹰律师事务所

编辑部:(010)64443056　　64443979

发行部:(010)64443051　　传真:(010)64439708

网址:www.oveaschin.com

E-mail:oveaschin@sina.com

前言
QIANYAN

奔走于各大公司跑业务的你，早出晚归辛勤工作的你，承担压力坚持工作的你可曾想过：自己是为着什么而工作？是每月领到手的那份令自己不甚满意的薪水吗？还是为了实现自身的价值，为了自己的事业而工作？对于这些疑问，你在本书中都能找到答案。

当明确了自己工作的目的后，摆在面前的就是如何通过工作、通过任职的岗位平台来实现目标。从工作态度这种软性的因素，到职业能力这种硬性的指标，我们都为你做了深入而不失实际的剖析。通过引经据典和运用职场中正面、反面的案例，在潜移默化、理论与实际相结合中解读职场必备的个人素养。使你在面对压力、面对困扰、面对错综复杂的局面时具有应对的能力与应对的措施。

我们常说："人在江湖，身不由己。"职场无疑也是一种"江湖"。身为"江湖中人"的你，要是不懂得"江湖规矩"，不懂得职场必须遵守的准则，就会一不小心触了"雷区"、犯了规矩。触碰了这些"警戒线"，等待你的轻则是"警告处分"，重则就是"开除出局"，甚至有难以翻身的危险。而对于这些"条条框框"，在本书中也能找到答案，并且还能找到相应的"武功秘籍"，使你在江湖中游刃有余地行走。

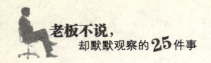

其实，工作是一种人生观的表现。当你拥有一个积极的人生观，能够用热情点燃你的工作激情；能够将感恩充满你的心灵；能够始终勇敢地肩负责任，就会发现很多工作中的快乐情境，并会觉得工作也是一种享受，而不是"服刑"。不要整日沉浸于满腹牢骚、消极怠工、游手好闲，或是慨叹自己何时会遇到伯乐，何时能怀才有遇。后者都是消极的人生观，以这种视角看待世界，只会得出世界为何如此阴霾、污浊这样的阴暗结果。如果，你确实觉得自己有些像后者的状态，没有关系，本书会教你如何走出这种灰色的人生观，如何用欣悦的心情期待、欣赏迎接清晨的太阳，迎接美好的一天，并开心地度过美好的一天。

将目光在书本中多停留一分，就会收获一份结果。这结果可能是你多年来职场生涯的困惑答案；这结果可能是将你从失望、沮丧泥潭里拉起的力量；这结果可能是初入职场的你应该事先知晓的事项；这结果可能是改变你工作作风、态度的敲门砖。本书中的 25 件事，讲的就是职场里的"家长里短"，却描述出了职场的方方面面，揭示出了职场中的深层内涵。通过这 25 件事，相信会对你职场生涯的道路、前景、规划等有所启示。

目录

MULU

第1件事　你在为谁工作

也许你是在职场中打拼多年的老职员，亦或许你是刚刚步入职场的稚嫩新手，无论你身处何位、身负何职，可曾思考过这样一个问题：你在为谁工作？你是仅为了维持生计的薪水吗？这未免有些狭隘。工作是为了自己，我们应该为了自身发展，发觉薪资背后的价值，努力认真地工作才是聪明之举。对于工作，我们应该心怀感恩，并且要有基本的职责感。对工作应该有一个全面的认识，不要只对其益处或是快乐之处有所认识，还应该接受工作中的艰辛与忍耐，这样才能使我们更好地发展自我。

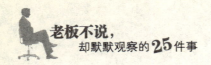

第 **2** 件事　你是否在工作中全力以赴

　　做好一份工作是要有众多积极因素发挥作用的，例如良好的工作态度、乐观的心理、满满的自信，以及不为苦难、艰辛，一心成功的决心和坚强的毅力。这些职场素质你是否拥有？你是否在工作中都有所体悟它们的作用？你又是否认同工作无小事的观点，而恪尽职守、尽职尽责、全力以赴地工作呢？认真读读下边这些文字，或许会在"如何干工作"这个问题上有新的认识、新的感悟，并能够在日后的工作中实践这些认识，促进自身事业、前途的发展。

第 **3** 件事　你在执行团队目标时能否做到绝对服从

　　一个人从出生开始，就和"服从"密不可分地紧紧联系在一起。在企业里，没有对制度的服从、对团队的服从，就不会有企业核心的凝聚力，也就没有企业文化建立的根基。对于制度、调配不能服从的人，特别是一贯不服从管理的人，不论其能力多么出众，都很有可能成为首先被裁的对象。个人要有主见，但并不意味肆意地自由、冒犯权威和纪律。权威和制度是我们获胜的重要前提，个人的意见也要通过合理、合法的正确途径、程序寻求实现。

第4件事　你是否在工作中爱岗敬业

敬业是职场中最应值得重视的美德。在一个团队中，当其中的成员都能敬业时，才能发挥出团队的力量，才能推动团队所在机构、企业、公司的前进。在工作中应该有奉献精神、有牺牲精神；应该兢兢业业，争取把工作做到尽善尽美；对于工作要专心致志，不要漠视所谓的小事；应该时时刻刻心系工作，不要做撞钟的和尚。如何将自己热爱的工作做到最好、做到敬业呢？仔细阅读下边的文字，对你将会有所启示。

第5件事　你对公司是否忠诚

既忠于老板又忠于自己的员工是优秀的、像样的、规范的员工。而对这种忠诚最直接、最有效的表现就是在你的日常工作中。因此，在工作中能够以工作为先，不因私人的事务干扰到工作；能够在工作中公正廉洁，做好岗位内的每一件事；能够为公司或是老板保守机密，不为金钱动摇自己的忠心；能够将忠诚付诸行动，而不是一句口头语而已；当公司面临危机时，能够不离不弃、患难与共。

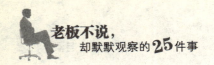

第 6 件事　你是否勇于承担责任

　　人们能够做出不同寻常的成绩的前提是首先要对自己负责。公民没有责任感，不是好公民；员工没有责任感，不是优秀的员工。一个没有责任感的人，何以能走向成熟？任何时候，要对自己、对公司、对国家、对社会负责。将责任根植于心，将其成为脑海中强烈的意识，这样就会让我们表现得更卓越。工作就意味着责任，职位越高、权力越大，责任就越重。没有责任感的员工决不是优秀的员工。

第 7 件事　你对本职工作是否热忱

　　成功在很大程度上取决于人的热忱。热忱可以借由分享来复制，老板们大多欣赏满腔热情工作的员工，热忱是一项分给别人之后反而会增加的资产。倘若你付出越多的热忱，就会收获更多。许多成功人士都认为由热忱带来的精神上的满足是对自己巨大的奖励。将自己的兴趣与工作结合起来、以雄厚的热情去工作、努力使自己与业绩最好者看齐……这些都是可以点燃你工作热忱的方式，如想进一步了解，不妨好好读读该章节里的内容。

第8件事　你是否自发且不带功利性地执行工作

　　"欲得其中,必求其上;欲得其上,必求上上。"这是以进取的心态、精神热爱人生、对生活充满激情的表现。工作中,我们需要这种主动的创造力,才能使我们的人生价值在有限的生存空间里得以实现。在经济日益全球化大潮中,每个经济实体必须以增长效益为目标方可生存。要达到这个目标,只有拥有一群主动进取的员工才能实现。主动进取精神对于我们的工作具有举足轻重的作用,它关系到一个组织的存亡,影响着一名员工人生价值的实现。

第9件事　你的工作能力是否胜任本职工作

　　沟通能力、领导能力、创新能力、学习能力,这些都是个人能力范畴。在知识经济时代,学习能力是最重要的,不断地学习、不断地积累、知识不断更新才能跟上时代的步伐。每个人都持有这种混合物——能力。你可以通过职业培训、工作实践等获得严格意义上的业务能力、社交能力、协作能力……企业核心竞争力就是员工个人能力+企业和谐力。持续提升企业核心竞争力,是能够使企业在日益激烈的全球化市场竞争中屡战屡胜的关键因素。

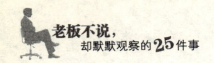

第 10 件事　你做事是否有分寸,不触公司"雷区"

　　说话也是做事的态度和方式,要会说话、会做事,在职场中更要如此。否则,你就会触犯禁区、雷区,结果可想而知。审慎行事在工作中尤为必要,说话有分寸、做事有分寸、处世有分寸,这些都是职业者的基本素养。

第 11 件事　你的工作效率高不高

　　一天才能完成而别人半天就能完成的工作;自己天天在忙碌,却没有任何成果,工作总是裹足不前。提高工作效率是一个刻不容缓的问题。但是,这需要个人进行体会、思考和交流。如果发现自己在工作中有降低工作效率的行为,那么就要及时改进。当你明确目标,当你学会珍惜时间,当你懂得今日事今日毕,当你学会提高执行力,当你合理谋划、有条不紊地工作时,就会发现提高工作效率还是有章可循、有法可依的。

第 12 件事　你的职场情商是否够高

作为新人，微笑、少说多做、虚心、礼貌总没有错。身在江湖，要懂得江湖规矩，工作不要太计较薪资，应该时刻抱着学习的心态，这样才会有光明的未来。当你拥有了正确的工作观，就会懂得如何发现别人的优点并加以学习，观察别人的缺点也会让你受用无穷的。这样才能逐步提高自己的职场情商。

第 13 件事　你是否有锐意创新的精神

在职场内，敢创新、有创意是一项市场竞争力，不少企业正在走向创意工作的模式，因此，作为员工的你也要适应这种需求。如何培养职场的创新力呢？一般人对于新生事物会有或多或少的不熟悉的恐惧感。虽然今日的办公室内人人都说欢迎变革，但是要改变自己并非易事。适应了目前企业的状况，习惯了舒适圈的环境，就很难突破自己、难有创新力。所以，你首先要做的是要有勇气突破自己。这是创新的第一步，善于打破固有思维，才能有创新的念头。

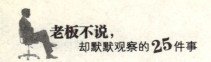

第 14 件事　你在工作中是否乐于帮助同事

　　快餐式的生活节奏让很多人都忽视了朋友的情谊，忽视了同事间的协作。古语有云："得人者上，得人力者上上，得人心者更上。"不管你是一个什么样的人，孤独一人打拼天下是不可行的，不要吝啬你的帮助，多向朋友、同事伸出援助之手吧。当然，帮助也是有技巧的，不要使你的帮助成为他人的负担，要懂得以正确、合适的态度提供帮助。让被帮助者乐于接受，也使得你自己不致陷入尴尬的境地。

第 15 件事　你是否具有积极乐观的心态和不断进取的精神

　　生活中的成功都依赖你积极主动的心态，倘若消极等待，就会受制于人，一旦受制于人，又何谈发展的机会？积极主动是人类的天性，否则，就表示一个人在有意无意间选择消极被动。被动易被自然环境所左右，比如在阴霾晦暗的日子会无精打采。积极主动的人，内心总有一片天地，天气的变化不会发生太大的作用，价值观才是关键。以积极主动的心态看待世界、看待社会、看待生活、看待工作，你会觉得到处都是如此美好。

第 16 件事　你是否具有居安思危的竞争意识

　　竞争力是参与者之间角逐或比较而表现出来的综合能力。因此,它是一种相对指标,要通过竞争才能看得出来,笼统地说竞争力有强弱之分。但真正要准确测量出来又是比较难的,特别是企业竞争力。作为个人,在职业生涯中,我们也应清楚自己的优势,知道自己的核心竞争力是什么。我们要清楚地了解自己到底有什么是值得称道的东西,而这些"东西"就是你的财富。核心竞争力如同一把锋利的刀,为你在激烈的竞争中切开一次次机遇的口子。

第 17 件事　你的职场人品是否为人称道

　　人人有道德,人人都通过诚实劳动获得属于自己的幸福。职业道德是一种企业文化,不仅使少数人行善事、做好事,而且使每一位从业者形成自觉行为。"我为人人,人人为我",是人生职业道德的基本原则,它集中体现了为员工服务的思想,也就是每一位从业人员既付出服务,又接受服务。在一个有秩序的企业中,大家都要提供服务,要努力形成一种相互依存、相互支持、共同发展的关系。

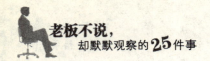

第18件事　你能否与团队精诚合作

团队精神是指一个组织的共同道德理念和价值观，主要表现在企业文化中。它是企业的灵魂，没有它，企业就是一盘散沙，就没有统一的意志、行动，当然就不会有战斗力；一个企业没有团队精神，就不会具有生命的活力。培育企业的凝聚力，良好的团队精神就是一面旗帜，它召唤着所有具有共同价值观的人自愿聚集到这面旗帜下，为共同的目标奋斗。在这种情况下，作为一个员工要有团队意识，要能够与团队的其他成员精诚合作。

第19件事　你是否一心为公、对老板忠诚

忠诚是一种美德，因为忠诚能给你带来你当时看不到的“无形回报”——信任。要赢得老板的关注，不仅要靠过硬的专业技能，还需要有赢得老板信任的人格魅力，增加人格魅力的一种因素就是忠诚。当你能够对自己的上司、对你的团队、对你所在的企业足够忠诚，那么机会就会降临到你的身上。这样你就获得了难得的锻炼机会。更重要的是，你的个人品牌也会因为忠诚而增光添彩。

第 20 件事　你是否把自己视为公司的一分子

工作，既是竞争的环境，又是合作的环境，它们二者在辩证统一的关系中推动着企业的发展、个人的进步。合作是竞争的基础，竞争促进协作。以正当的手段和方式进行竞争，为大家共同的事业一起进步。对于个人，即便你能力过人，也要懂得以积极的热心来培养和谐的合作关系。

第 21 件事　你是否有完备的职场能力和潜质

在严峻的就业形势下，不仅要有硬能力，还要有软实力。不要总是慨叹自己怀才不遇，应该仔细想想自己是否具备职场竞争力。即使你觉得自己非常博学多才，也要懂得知识的更新，所以即便是精英也要善于为自己投资，更新知识结构。应该使自己尽量达到职场中所需要的各方面职业素养，提升自己的能力，使得自己能够成为团队中不可或缺的人才。

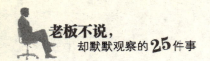

第22件事　你在工作、生活中是否节俭朴实

　　唐朝宰相魏徵说："求林之长者，必固其根本。欲流之远者，必浚其泉源。"企业往往偏重于开拓财源而忽视了节流。实践证明，只有那些巧于开源、善于节流的人才称得上是精明者，才能获得最终的成功。一个人需要勤俭，一个企业也是如此。应该始终秉持"当用则用，当省则省"的原则。要懂得废物利用，要知道统筹计划，要明白节省也是一种利润。那么，在实际工作中，请在这些方面付诸实践，这样才能看到节俭带来的真实效应和利润，你才会懂得节俭，更加自愿地去节俭。

第23件事　你在工作中是否常怀感恩之心

　　德国工业品之所以在国际上成为"精良"的代名词，来源于德国人对职业神圣的感恩情怀。感恩是生命中最珍贵的礼物，感恩唤醒了内心的驱动力，孕育了敬业精神，使我们主动用爱心对待每个人。我们应该主动地对周围的朋友、给你指点的领导、给你协助的同事，甚至是曾经让你苦恼的对手都心存感恩。正是有了他们，你才能够不断汲取养料、不断成长。所以，用一双满怀感恩的眼睛看待周围的一切吧。

第24件事　你是否有足够的工作抗压力

忧郁不振会导致心灰意冷，使得工作进展更加艰难，恶性循环后，更多挫败和失落情绪便会接踵而来。长此以往，恐怕忧郁症就在不远处等着你了！因此，在职场中，要找到治疗忧郁的办法，关键是能清除藏于心底的那个"地雷"，这样才能使自己快乐起来！压力在工作中是不可避免的，它不会因为你的躲避、不去面对而消失，所以要正视压力。要努力使自己以饱满的精神迎接每一天升起的太阳，迎接每一天的挑战。给自己鼓励，正是在压力下我们才能够成长，才会有自己美好的未来。

第25件事　你是否能让他人发现你的亮点

要学会抓住能够让你"露一手"的关键时刻，要抓住机会。这个时候要鼓起勇气，不能退缩。这种"露一手"其实是你的特点、光亮的展示，而对于自身的优点，我们不仅要善于抓机会，还要善于创造机会，这就要适时地展现自己。在职场中，一定要懂得扬长避短，不仅注意对自己优势的展示，还要注意对自己劣势的提升。通过阅读本章，估计对你在这方面会有所帮助和提醒。

第 1 件事

你在为谁工作

也许你是在职场中打拼多年的老职员，亦或许你是刚刚步入职场的稚嫩新手，无论你身处何位、身负何职，可曾思考过这样一个问题：你在为谁工作？你是仅为了维持生计的薪水吗？这未免有些狭隘。工作是为了自己，我们应该为了自身发展，发觉薪资背后的价值，努力认真地工作才是聪明之举。对于工作，我们应该心怀感恩，并且要有基本的职责感。对工作应该有一个全面的认识，不要只对其益处或是快乐之处有所认识，还应该接受工作中的艰辛与忍耐，这样才能使我们更好地发展自我。

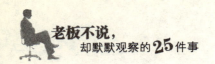
为自己而不是为薪水工作

对于工作，不仅是我们与公司或是老板之间的雇佣关系，不是只为了薪金，要深刻地认识到薪金背后的价值。

怀揣着在校园中编织的美丽梦想，信心百倍的年轻人热情洋溢地步入社会，来到各自的工作岗位。也许是亲眼目睹或者耳闻一桩桩、一件件老板无情解雇员工的事实，工作不久的他们或会感受到社会的冷酷与严峻，于是一种"实际"、"现实"之情滋生于心头。由此而来的结果是：在他们看来，员工与公司之间是一种等价交换，即我为公司干活，公司付我一份报酬，仅此而已。

于是，起初的梦想、信心、热情渐渐淡去，取而代之的是尽量少说一句话、少写一页报告、少干一小时活、少走一段路、少参加一个会议……这样的懈怠之行。在他们看来，只要对得起我的薪水就行，何必多劳动呢？然而，薪水背后的价值他们却不曾体会，可曾想过这样做是否对得起自己未来的薪水，甚至是自己今后的前程呢？

员工小李在某公司任职已有 10 个年头，在这期间他的岗位不曾变更，薪资也和刚入职时一样。某天，他怀着蓄积多年的郁闷之情，鼓起勇气敲开了老板办公室的大门，并向其哭诉"薪水的直线"状况。老板平静地说："你虽有 10 年的工龄，但你的工作经验却一直停留在 10 年前刚入职的水平，我何以给一名新手增加薪水？"

读了这则故事，我们或许会怀疑老板对小李的判断是否有失准确与公正。但是，细细揣摩小李的这十年经历就会发现，他宁愿默默忍受与日俱增的郁闷之情也不曾跳槽去其他公司。这也就证实了他的能力并没有得到更多公司的认可。并且，如今已是个开放的社会，换工作、跳槽已不受祖辈们"在一个单位干一辈子"的思想束缚。这些都足以证明，老板对小李的评价基本上是客观的。

那么,我们不禁要为小李流逝的这宝贵的10年青春而感叹,叹其可惜,叹其并不那么丰富多彩,叹其除了"稳定"的工资外一无所获。

这就是只看薪水工作的结果!在我们抱怨薪水不足的时候,想想是否同时也放弃了比薪水更重要的东西?如若这样,那我们也只剩下手中紧握的薪金而无其他了。这是多么可悲的情境啊!

不要为自己的努力被忽视而懊恼,我们应该相信多数老板是有明智的判断力的。在一个健全的公司里,为实现公司利润最大化,老板会尽力按照工作业绩和员工努力度来提拔积极进取的员工。对于在工作中坚持不懈、尽职尽责的人,也一定会获得职位晋升、薪水高涨的一天。

即使我们发现自己的老板并不那么睿智,并未关注到我们付出的努力,也没有给予相应的回报,那么也不必郁闷。换个角度想想,自己付出的努力并非眼前回报所能及,而是为了未来。我们投身于工作是为了自己,是在经营自己一生的事业。如果一个人总是为自己拿多少工资而大伤脑筋,那他岂能看到工资背后可能得到的成长机会? 又岂能意识到从工作中获取技能和经验,以便日后所用呢? 这样的人是于无形中将自己困在了工资袋里,并不懂得自己的追求、人生的价值和意义。

初入职场的年轻人往往缺乏对薪水的深入认识和理解,而是紧盯着自己的工资单。其实,薪水只是对你工作劳动的一种报偿形式,而我们的工作平台、工作经历、工作内容、行业前景等这些看似无形的东西,才应该是刚刚踏入社会的年轻人需要珍惜和把握的。诸如,在完成困难的任务中磨炼了我们的意志;在开拓新的工作项目中拓展了我们的才能;在与客户的交流中训练了我们的交际能力;在与同事间的合作中培养了我们的品性。

公司是一所实践的学校,在这里我们不仅会在学以致用中创造价值,而且多姿多彩的工作会增进我们的智慧、丰富我们的思想。与这些相比,那微薄的薪水无法成为我们工作的目标,而工作中获得的技能、经验更应是我们追求的东西。

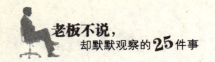

　　尽职尽责地努力工作，会使我们收获比金钱更加重要的硕果——能力。公司支付给你的是金钱，你的努力赋予你的是受益终身的能力。很多成功人士都经历过登顶的风光与坠落谷底的失意。然而，人生的跌宕起伏并未影响其最终攀顶事业巅峰的成功，原因何在？是因为有一种东西始终与他们相随，这就是能力。能力是一种不会遗失、不会被盗，并有强大生命力的事物。

　　你的上司可以控制你的薪金，但却无法阻挡你对工作的进取之心，无法阻止你积极进取、努力学习的热情，他遮不住你的眼睛，捂不上你的耳朵。因此，他无法阻止你为将来、为自己的人生所做的努力，更无法剥夺你因此而收获的能力。然而，我们也必须清楚地认识，能力的拥有绝非一蹴而就，须知不积跬步，是无以至千里的。一个人的创造力、决策力、洞察力等，都是在不懈的工作实践中点积而成，都是在长期的学习、感悟中慢慢塑造的。

　　因此，不要再为自己的懒惰和无知寻找理由；不要再埋怨老板对自己的能力和成果视而不见；不要再抱怨付出再多也得不到相应的回报……这些都可能成为我们因外在原因而不努力工作的原因，也会因此埋没自己的才华，最终毁了自己的未来。对于上司我们无法命令其做什么，但对于自己我们却可以把握，我们可以让自己按照最佳的方式行事，按照自己的原则处世。不论老板对你有多吝啬、多苛刻，都不该放弃自己应付的努力。为自己工作，为将来设计，不要为眼前的工资条蒙住双眼！我们是为自己工作，那可怜的薪水算什么？

　　如果你的人生只是做"向薪运动"，到头来你只会因"向薪力"而丧失更多的价值！切莫掉进"向薪"的漩涡中去！在世人都为薪水而劳作的时候，你若能跨越此圈、超越众生，也就向成功迈出了不凡的一步了。

认真工作是通往荣誉的必经之路

古罗马有两座圣殿：一座象征着勤奋，一座象征着荣誉。并且，人们只有通过前者才能到达后者。这也就向人们昭示着：勤奋、认真是通往荣誉的必经之路。

在现实的职场中，我们不乏听到这样的言论："得过且过吧。""别那么认真"、"眼前的工作是个跳板，无须那么恪尽职守！"岂知，要想赢得体面的生活、做自己想做的事、过随心所欲的生活，这些是需要在相当长一段时间里，你能每天尽职尽责地工作、认真完成自己职责范围内各项事宜、勤奋地认真积累才会发生的。

将工作看成是一种学习的机会，把认真植入到你的工作态度中，终有一天你会感受到自己巨大的转变。因为，在工作中我们会学到与人交往的技巧；在工作中我们会学到真正的业务技能；在工作中我们会学到多方面的知识，丰富自己的知识体系，这些都无疑提高了我们自身的职业素养，也就为日后更好地工作打下了坚实的基础。

小董是一位大学毕业生，由于专业关系，毕业后他来到了一家贸易公司上班。工作1年后，他很是不满自己的现状，并怨愤地对朋友说："老板不重用我，我的工资在公司里也是最低的，再这样下去，我就拍桌子走人！"

于是这位朋友质问道："你对贸易行业的情况都清楚吗？你对所在公司的业务都明白吗？你对国际贸易的技巧又了解多少？"面对这一连串的问题，小董只得把脑袋摇得像拨浪鼓似的。

朋友语重心长地继续讲道："古有越王勾践卧薪尝胆，你也不妨效用一下。先静下心来认真工作，努力掌握一切贸易技巧、组织结构以及商务文书的情况，即使是像合同书写这样的细节性内容也不要放过。待把这些都学到

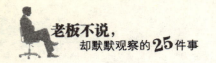

手后再走不迟啊！而且，这也解了你心中的怨恨了。"

小董若有所思地点点头。自此以后，小董有了自己的规划，不仅改掉了嘻嘻哈哈、不务正业的工作状态，而且开始了踏踏实实、一丝不苟的工作。有时，还能看到小董独自在办公室里加班阅读学习商务文件、资料的身影。

又是一年春去秋来，一个周末，小董与那位朋友在街头巧遇。

"听说你工作得废寝忘食呀！应该把能学到的都收入囊中了吧？不知何时拂袖而去呢？"朋友说。

"嗯，经过这一年，我确实收获颇丰，老板、同事都对我刮目相看。我也升了职、涨了工资，还真不想走了，我现在也是公司的红人呢！"

"这和我当初料想的一样。其实，上司大多是很精明的，只要努力付出，他们都会看在眼里、记在心上。以前你吊儿郎当的工作态度，何以能让老板委你以重任？而时下，你成功地转型，能力变强了，上司自会让你担当更多的任务了！"

无论我们从事什么工作，无论我们处于什么样的工作环境（或严谨或松散），自己能够做的只有一件事——认真工作。不要做上司在时认真、不在时就偷懒的投机取巧之事。必须始终明确，工作是自己的，只有坚持不懈地在工作中锻炼，不断提高自己，自己的价值也才会跟着升值。因此，认真工作的员工通常不为自己的前途堪忧，他们已经养成了良好的习惯，在单位工作都会受到青睐。

反之，那种得过且过、一心钻研如何耍懒、取巧者，则永不会入明智老板的眼的。同时，一次次钻空子的"胜利"，可能在心中埋下隐患，终有一天你会发现它是有百害而无一利的。

从某种程度来说，领导对认真工作的员工委以重任，一方面是对他们工作态度的肯定，另一方面是对他们工作能力的认可。当你一次次地接受各项任务时，实际上是老板给你的一次次机会，如果你能很好地把握，那老板传达给你的深一层意思是：认真对待，把你的能力都发挥出来，薪水与你承担的工作是成正比的。当你担负了更多更重要的工作时，你的工资也会水涨船高,而职业机会的大门也悄然为你开启了。

在漆黑的夜晚,儿子在亮堂堂的屋内四下寻找着什么。父亲走过来询问道:"找什么呢?"

儿子回答:"我把玩具车上的零件弄丢了。"

"你在哪玩儿来着?"父亲问道。

"在屋外的草地上。"

"傻孩子,那得去院里找呀!"

"院子里没有灯啊!"

或许我们会为故事里儿子的逻辑感到可笑。但是,对于那些懈怠自己工作的人们来说,你又何尝不是扮演了故事里那位儿子的角色呢?试想挖掘煤矿的矿工会因山石、土地的坚硬而选择在松软的沙滩上开采吗?那样的话,得到的只是沙子,而不是高价值的煤矿。同样,我们渴望得到上司的赏识,希望获得更大的升迁空间,但如果是以"上司没有慧眼识英才的能力"、"命运对我不公"来归咎自己平平的现状,那就是和在屋子里找零件的儿子犯了一样的错误——在错误的地方找寻所要的东西。

在正常情况下,能为公司担重任是建立在认真、扎实地完成日常每件具体工作的基础上。想在投机取巧之中赢得升迁和加薪的机会,到头来或许得到的是公司的一纸解聘书。能够全身心地投入工作,懂得时常反省自己,才能在工作中取得斐然成绩,才能收获自己所想之物,这也才是在对的地方找寻所求事物的正确做法。

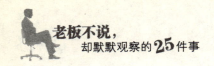
今天工作不努力，明天努力找工作

成长之路充满荆棘、痛苦，但我们不要拒绝它。在平凡的工作中脱颖而出，在很大程度上取决于自己的工作心态，而非其他什么外力作用。世界总是为辛劳工作的人大开绿灯使其畅行。

"兢兢业业，那是父辈们的工作态度，现在是拿多少钱，干多少事，对得起工资就不错了！""这么点儿工资，还想让我干多少活？老板那么抠门！""高层拿得多，自然要干得多，他的薪水高出我一倍，活也得比我多干一倍啊！我干嘛要干经理的活，拿底层员工的钱啊！"如果你也在心中常常这样想，就要当心是否会失去现有的工作了。努力做好眼前的工作，是避免明天找工作的关键。

如果你是职场中的一员，那么对这样的抱怨之辞就不会陌生。像这样抱怨工作量、抱怨工时长、抱怨公司苛刻、抱怨待遇不公……看似简单的随口一说，有时还能赢得善良人的宽慰之词，以释放自己内心的压力，可曾想过这些抱怨的累积效应？口头的抱怨不会给任何一方带来直接的经济损失。但是，累积的抱怨效应可能会磨灭你的工作热情；消融你与同事、与公司原本融洽的关系；甚至会使你的思想动摇、视野变小，最终发展的结果是使自己的发展之路越走越窄，并有一事无成、被迫离开的危险。下边这个例子就足以说明这点。

一位在汽车修理店工作5年的年轻修理工总是在埋怨老板"目光短浅"，工作业绩少被赏识，自己也一直处于烦闷之中。与此同时，他对自己还是很有信心："我的学历不低，又年轻有为，只要我想，是不愁找不到体面、有发展空间的工作的！"

然而，平时他对顾客并不友善，对顾客的请求爱答不理，与身边的同事也格格不入。

　　长此以往，年轻人不仅内心抑郁、寂寞，慨叹自己不知何时能遇到自己的"伯乐"，得到好的发展机会。而且，时隔不久老板终于给他开出了要求其离开的通知。

　　年轻人怀着满腹牢骚，开始了自己漫长的求职之路，几个月下来都未有满意的工作机会，使他一改当年的"意气风发"，只要有一个面试机会他都会乐此不疲地欣欣向往、倍加珍惜。

　　不懂得珍惜现有工作的机会，努力工作，而是沉浸在自己的埋怨、痛苦之中，这是那些所谓"不顺"的人失业的主要原因。而他们的这种抱怨行为也恰好说明，倒霉的处境是自己一手造成的。

　　不懂得物质上的丰厚报酬是建立在认真工作的基础上；不懂得暂时薪水的微薄之中也蕴藏着提高自身技能的工作平台；不懂得认真工作才是实现发展的关键。在竞争日趋激烈的今天，抱怨者始终没有认识到现实的严酷，还在日复一日的抱怨中虚度时光，这是很可悲的。要知道那些不珍惜工作机会、不恪尽职守工作的员工是始终排在被解雇者名单前列的，不论他们的学历高低，无论他们的能力是否能符合当前的工作要求。

　　切莫在遭受"晴天霹雳"之后才学会醒悟。不要在入不敷出的时候，才去琢磨新的途径；不要在婚姻亮起红灯时，才去补偿之前对伴侣的不好；不要在得到差分数时，才奋起直追地刻苦读书；更不要在丢失工作时，才知道努力工作的必要。我们应该尽量避免碰壁后的痛改前非。

　　惰性是很可怕的东西，虽然人都有好逸恶劳的习惯。那种按部就班干活的人不会没事找事，若不是情势所迫，他们大多会安于现状、不思进取，即使是遇到房屋倒塌的恶境，他们也只会感叹："为什么倒霉的事找上了我呢？"

　　其实，我们每个人都具备优秀员工的潜能，都会迎来委以重任的机会，都会有一条升迁、加薪的道路等我们去走。只是，很多人在无路可走、遭遇"晴天霹雳"之后，才开始转变自己的心态，改善自己的做事方式。同时，不要坐等"晴天霹雳"的突然来袭，不要在安逸舒适中让光阴悄然溜走，要学会把握手中已有的，这样才能发挥出自己的潜质、得到机会、找到自己的升迁之路。

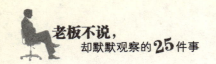
每一个企业都是以赢利为第一目的，因为它是一个经济实体，为了实现这个基本目标，公司会常常处于解雇不努力员工，同时吸纳新鲜力量的循环之中。无论业务多么繁忙，每天都有可能发生这种常规的整顿工作，延续着优胜劣汰的职场法则。因此，那些不敬岗敬业的人往往会被摒弃于就业大门之外，而只有技艺出众且努力工作的人，才会是职场中的常春藤。

当下不努力工作，必定铸成明天努力找工作的窘况。所以，认清现状、珍惜现在，才是生存之道。

时刻对工作心怀感激

秉持健康的心态，心甘情愿、全力以赴地去做每件事，那么当机会来临时你才能把握得住。切勿把工作做成像鸡肋一样食之无味、弃之可惜的状态，那样的话只会使你陷入既不心甘情愿，又会心存怨愤的泥潭之中。

给予我们生命的父母，我们要感谢他们的恩惠；给予我们教导的师长，我们要感谢他们的恩惠；给予我们生存环境的祖国，我们要心存感恩。如果没有养育我们的父母，没有教导我们的师长，没有爱护我们的国家，我们何以能立命于世？因此，感恩不仅是我们必备的德行，更是一个人生于世间、矗立于世的生存条件。

在现代文明高度发达的今天，感恩已经成为一种社会道德。我们常会对给我们指路的陌生人予以无限的感激，我们也会对偶遇中帮我们脱离困境的路人送去感恩的目光。然而，我们却常无视朝夕相处的工作伙伴、上司们给予的种种恩惠和种种工作机遇，对这些习以为常的事件，我们总是用轻视的目光审视。

满腹牢骚、抱怨的员工，总是把公司、同事对自己的帮助视为理所当然，例如恪守职责、认真工作都是"额外"要求了。

　　心态决定我们的人生。当你意识到无任何特权要求别人时，就会对身边的点滴关怀或任何机遇而感到强烈的恩赐。也正因于此，我们只有通过竭力地工作才能很好地回报这个美好的世界，才能努力地调整自己与周围的人和睦相处。这样的结果是，不仅生活会更加愉快，工作也会收获颇丰、更加出色。

　　一位成功者在回忆自己第一天上班前夜的情景时，说道："父亲曾与我促膝长谈，现在想来印象最深刻的就是下面这 3 句话：第一份工作，能遇到好上司，是你的福分，要忠心工作；如果你能在第一份工作里拿到较好的薪水，那是运气好，一定要努力工作，感恩惜福；倘若薪水不尽如人意，则要懂得在工作中磨炼自己的技艺。"

　　听后我们不得不赞叹这位父亲的睿智，初入社会的年轻人更是要将这 3 句话铭记于心，并能秉持这种原则行事。在工作中，应始终把自己的心态归于零位；应始终保持一份学习的态度，将每次视为第一次，保持第一次的去热情工作。不要计较一时的待遇得失，不要在意起初的位居人下，只要好好工作，不断地积累经验就行了。

　　真正的感恩是发自内心而真诚地感激，绝非迎合他人、谋求某种利益之举，那样只会是一种虚情假意、溜须拍马的外露。感恩是一种自然的流露，是不求回报的真情实感。怀有感恩之心，会让你变得谦和、可敬而高尚。每天用几分钟时间，为自己现有的工作感恩，为能进这样一家公司而感恩，你会越发地感受到工作中美好的一面。

　　当然，工作中的感恩心情是基于一种深刻的认识：工作为你开拓了广阔的发展空间，工作为你搭建了施展才华的舞台，对工作给你带来的一切都要心存感激，并尽己所能地努力工作，回报公司、回报社会。

　　工作中的感激之情，不是单纯的对公司、对老板有利，而是感激是能叠加的，它会给我们带来更多值得感激的事。感恩是一种人生的财富，是一种深刻的感受、是一种增加自我魅力的能量、是一种习惯和态度。只有当你努力工作回报所得时，你才能发掘它的无穷智能。

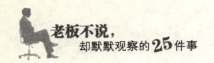

然而，当我们失去感激之情，就会陷入终日挑剔、不满的糟糕境地。当你的头脑被不满所占据，你会逐渐丧失平和、宁静的心态，同时习惯于指责那些琐碎、肮脏、卑鄙、消极的事情。思想上对灰暗事物的关注，必定会蒙蔽你的双眼，慢慢地，你也变得阴暗可怕。那时的你可能只会发现世界中的污点，发现越来越多的阴暗事物缠绕在你身边，使你很难摆脱。

与此相同，当我们在工作中不惜浪费时间地抨击、分析高高在上的公司领导，不知疲倦地指责、谩骂我们所厌恶的能力不如自己的部门主管时，我们也在渐渐地破坏自己的进取心。因为，指责别人不能提高自己，抨击他人只能徒增莫名的高傲自大。市场永远是公平的，它一直在以自己的方式维持着实现的公平，那些降低公司效益的人和行为终将会被清除，不称职者的短暂风光也终将被社会埋葬。

牢骚满腹的年轻人，切勿将目光总是停留在他人身上，请尽快转移到自己手中的工作上吧。心怀感激，让我们多花些时间，想想自己该从哪些地方提高、进步，看看手中的工作是否已经做得尽善尽美了。当你用一颗感恩的心而不是挑剔的眼光工作时，愉悦、积极之情自会升起，而且工作的结果也会大相径庭的。

每一份工作、每一个工作环境都不会是尽善尽美的，但每份工作中都蕴藏着丰富而宝贵的资源和经验。比如默契的工作伙伴、值得感谢的客户、成功后的喜悦，以及挫败后的沮丧等等，这些都是工作经历带给我们的珍贵感受和成长的必备财富。

在工作中秉承懂得感恩的品性，你会从容、坦然地工作，你会获取更大的成功。

接受工作的全部，不只是益处和快乐

工作在给我们带来金钱、带来成就感的时候，是建立在先前不断地辛劳、不懈地战胜困难的基础之上的，这两者成正比关系。

或许我们都希望享受工作的乐趣，避开棘手之事，轻轻松松地拿到自己的工资。而我们周围也不乏有做一天和尚撞一天钟、从不多做一点儿事的同事，他们通常领工资的时候争先恐后，玩乐的时候兴致万丈，而干起活来却敷衍了事。

趋利避害是人的本能，这是我们不能回避的。然而，工作是你选择的一种职业、选择的一个岗位，而非儿戏，我们必须接受工作给我们带来的全部，而不仅仅是享受它给我们带来的快乐与益处。一位业务人员不能忍受客户的冷言冷语和淡漠的脸色，一位清洁工不能忍受垃圾的臭气熏天，那他们能完成相应的任务、取得优秀的成绩吗？

无论体力还是脑力劳动，都有各自的辛劳之处。体力劳动者，必须适应在恶劣环境下辛勤劳作；脑力劳动者，也必须学会协调迫使身心俱疲的各种矛盾。领导者也不是只需签字就能领取高薪的，他们需要管理公司、运营企业、完成年度利润指标，而这其中的压力自不待言。

一心想得到工作的益处与快乐，往往会喋喋不休地抱怨，在不情不愿中完成工作，以这种毫无责任心的态度对待工作，不可能收获升职加薪的快乐。

齐风是一名中专毕业生，从他毕业走进修理厂的第一天，就开始埋怨自己如何不得志，例如"真不该来这种厂，脏死、累死"、"每天弄得身上油腻腻、黑兮兮的……"抱着这种不满情绪，他觉得自己像卖苦力的奴隶。平日里工作也是偷懒耍滑，只要师傅不注意他就偷溜。

时间飞逝而过，3年后，当时与齐飞一同进厂的3名工友各凭自己精湛

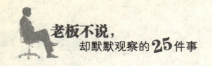

的手艺，或被单位送到大学进修，或去了更好的单位，唯独齐飞，仍活在抱怨中当着他的修理工。

那些求职时念念不忘高薪、高位，工作中却不思进取、不愿接受辛劳枯燥的人；那些在工作中推三阻四、为自己开脱的人；那些失去热情，糟糕完成任务后找来一堆理由扔给老板的人；那些不满于自己的工作环境、不满于工作内容的人，都需被警醒：这是你的工作！

是的，属于我们自己的工作赋予我们荣誉，给予我们使命感与责任。坦然地享受快乐、勇敢地接受其中的艰辛和忍耐，这才是工作的全部。

你是否在工作中全力以赴

做好一份工作是要有众多积极因素发挥作用的，例如良好的工作态度、乐观的心理、满满的自信，以及不畏苦难、艰辛，一心成功的决心和坚强的毅力。这些职场素质你是否拥有？你是否在工作中都有所体悟它们的作用？你又是否认同工作无小事的观点，而恪尽职守、尽职尽责、全力以赴地工作呢？认真读读下边这些文字，或许会在"如何干工作"这个问题上有新的认识、新的感悟，并能够在日后的工作中实践这些认识，促进自身事业、前途的发展。

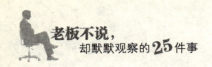
你的态度就是你的竞争力

> 态度是一种潜伏于心中的意志，它是个人意愿、情感、价值观在具体
> 事件中（如工作）的外在表现。

芸芸众生，各有自己的工作轨迹，有人成为公司的核心员工，受到老板的器重；有人碌碌无为、平淡一生；有人满腹牢骚、特立独行却一无是处……其实，除这世间少数的天才外，多数人的禀赋并无大的差别。然而，态度却能为我们造就眼下和未来不同的道路。

一个单位之所以有形形色色的人，是因为人们各自都有自己秉持的工作态度，或得过且过、或勤奋进取、或逍遥自在。工作态度决定工作业绩，成功者虽是殊途同归，然而却潜藏着近乎相同的态度。

我们试将职场中的人分为以下 3 类，分析他们的特质。

第一种人：得过且过者

只做分内之事，不去主动触碰分外之活，不求无功，但求无过。正点上下班，从不行差踏错。遇到失败就自我安慰：成功属于少数者，我就是个普通人。他们的口头禅是："大家的薪水差不多，何必拼命呢？"

第二种人：满腹牢骚者

抱怨是他们随身的伴侣，自己的不如意都是外因所为，错误都是他人造成。他们会自我设限，将自己始终处于潜能未全发挥出来的状态，因此他们也就始终处于具有优秀潜质者的行列。但是终日的负面情绪使他们无法享受到工作的快乐，他们的消极情绪还有传染给他人之嫌。

第三种人：积极进取者

企业中不乏看到他们忙碌的身影、抖擞的精神、乐观的态度和热情的友善。遇到问题时,他们总是积极地想办法解决;遇到挫折时,他们总是愿意静心向成功者学习。在他们看来,工作中充满着希望,只是有时需要他们主动地点燃。

第一种人的工作寿命往往不为自己所控,新鲜血液的注入之日,也许就是他们离开之时;第二种人总是能成为裁员的首选人员;第三种人则总是与晋升加薪有缘。

在竞争中,我们更多关注的是自身的智慧与能力,可曾想态度也是竞争的一个项目呢?态度直接决定着人的行径、决定着你的状态,以及随之而来的结果。你投入多少心血,回报予你多少成果,社会总是很公平的。

以上 3 类人的不同趋向,在智力上很难评判孰高孰低,但在工作态度上却能看出孰优孰劣。这种差别往往在多数人都可胜任、技术含量不高的职位上尤为突出。切记,态度是你有别于他人、使自己变得不可或缺的重要砝码。

相信运气、期盼上天眷顾的人,往往慵懒怠惰、注重外表、难探本质、态度不端。在他们看来,工作上出色的人依靠的是天分,屡次的加薪是凭借幸运,为老板重用是机缘。

事实上,无论你处于多么糟糕的境地、多么庞大复杂的机构,都能有所作为。你可能会遇到无视你出色表现的上司,或是为你前进设置障碍的上司,或是不予你鼓励与赏识者;抑或是有幸碰到愿意培训员工、改善其业绩的雇主。但这些利弊都是外在条件、外在环境,卓越的工作最终取决于积极的态度。

让这种态度变成你个人价值的一部分,并在他人给予你的肯定中始终秉持这种做事态度。

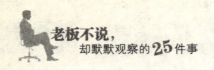

工作中无小事，全力以赴做好每件事

平凡的事做好就是不平凡，将简单的事做好就是不简单，这就是于平凡中见伟大，于简单中见复杂。

普通的我们，过着充满着小事的平凡日子，不怕事情小，只怕小事也做不到位。年轻人往往不屑于具体的小事，不屑于事情和细节，而总是盲目、好高骛远，坚信"天将降大任于斯人也"。岂知能把身边的事做好、在自己的岗位上有所作为就很不简单了。

同大家分享下边一则故事，希望对你有所启示。

怀特本是汽车公司的一名杂工，他从工作初起就努力做好每一件小事并从中收获很多知识，并在 30 出头之时成为公司最年轻的总领班。那么，他是如何脱颖而出的？

怀特刚进厂工作时，就对工厂的生产情形作了全盘的了解。他了解到一部汽车要想由零件到组装出厂，须由 13 个部门协同劳作才能完成，而这 13 个部门性质不同、各司其职。

当时，怀特就在心中盘算：既然入了汽车行业，就得对汽车的全部制造过程有深刻的了解。于是，他很乐于从最基层的、非正式工的杂工做起。杂工没有固定工作场所，哪里需要零星工作就去哪里。而正是这种"走街串巷"使怀特对厂里各部门都有所接触，对各部门的工作性质也都有了初步了解。

干了一年多杂工后，怀特申请去了汽车椅垫部工作。当他学会制椅垫的手艺后，又申请调到点焊部、车身部、喷漆部、车床部去工作。在不到 5 年的时间里，他几乎走遍了厂里的各部门，最终申请到装配线上工作。

父亲曾担忧地质问儿子："你这 5 年都是在做焊接、刷漆、制造零件的小事,不怕耽误前途吗?"

怀特笑答道:"您不明白,我是以工厂为工作的目标,而非一个部门。因此,需要花些时间了解整个工作流程。这是最优使用时间的做法,我要学的是整部汽车的制造,而非一个椅位。"

在装配线上,由于之前在其他部门的积累,使他不仅能分辨零件的优劣,而且懂得各种零件的制造情形,这些为他的装配工作增加了不少便利。不久,怀特就成为了灵魂人物。于是,他升为领班,并逐步成为 13 位领班的总领班。

在工作中,没有任何一个细节细到可以被忽略;没有任何一件事情可以小到要抛弃。不屑于做小事者,多是在混时间中工作,而积极者则会把小事当做对锻炼自己、深入了解工作的情况、增强对公司业务的了解、利用小事体会事物的多方面性,增强判断力、洞察力、思考力。

杂工做的是小事,怀特却从中获得了对各部门的工作性质、环境的了解,为日后规划合理的职业路线打下基础;做椅垫是做小事,怀特却将这种技艺掌握透彻,待他成为管理者时,会比没接触过椅垫的人更懂得如何管理这部分工作、应该注意什么问题。怀特的智慧之处,在于他利用每一个部门做小事的机会深入、多面地体验各个部门,发现公司现有管理中的实际症结。当他的经验、见解超越普通工人时,他就自然会成为管理者。而这都得益于小事对他的巨大培育。

初入职场的年轻人多会经历一段或长或短的"蘑菇"期(即做小事)。此时的年轻人就像蘑菇般被置于冷落的角落,并时常遭受无端的批评、指责、代人受过,得不到指导、提携,全然处于自生自灭之中。处于此种境遇之下,要始终警示自己:切勿浑浑噩噩地虚度时光,从手中的每一件琐事做起,让这一件件小事促成我们的成长。

时间对于年轻人似乎不那么吝啬,但若不充分利用而换取其他的资源,那只能是白白浪费了用在"小事"上的时间资源。习惯是种可怕的东西。如果你懒得在小事上尽心,养成懒散的作风,有朝一日当你被赋予重任时,你会不能自控地以这种懒散的作风处世,其后果可想而知。

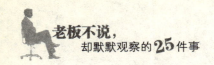

日积月累的小事终会积累成大事，这也正是忽略小事难成大事的重要原因。在小事中锻炼意志、增长智慧，才能担负大事。眼高手低者，永远触及不到大事。一件件的小事，往往能折射出你的综合素质，体现出你有别于他人的特点。"以小见大"、"见微知著"是古人告诉我们做小事的意义。

你眼前的工作，是你手中将要塑造的雕像，是美是丑、是善是恶、是可爱还是可憎，都由你一手造成。而平日里的一通电话、一件货物、一封邮件都鲜明地体现着雕像的属性。老板会通过观看雕塑，认识、评判塑造雕像者。所以，无论你正处于"蘑菇"期，还是因为你本身工作内容所定，切莫忽略其中的小事。

只有全心全意做好小事，得到自我成长，才会有加薪、晋升的机会。一个操控机器者，只有全面了解它的性能、彻底读懂它每一部分的功能，在出问题时能第一时间找出原因所在、采取必要措施，你才会有升迁的机会。一名推销员，只有在把推销员的工作做得有声有色，业绩超于他人时，才有希望获得经理的职位。

不要瞧不起事情的小，只有你尽职尽责、全力以赴地做好这每件小事，养成良好的职业素养，不敷衍、不懈怠才能成就大事。当大家在同一起点时，那些从不认为自己所做是简单小事的人往往会是晋升最快者。

可以输在起点，但一定要赢在终点

成功与失败的区别或许就在于，成功者总是乐于比别人多做一点，在他们看来并无分外之事，而失败者却往往因为贪图一时的轻松而沦为平庸。

野外游玩时，我们或许会看到这样的情境：幼小的蘑菇往往长在阴暗的角落，不为阳光所眷顾，而成长足够高的蘑菇才能接受阳光，才容易被人发现。

初期的弱小、平庸不必用各种冠冕堂皇的借口来搪塞，只要我们竭尽所能去成为卓越者、成功者即可。就像蘑菇一样，努力地成长终会赢来灿烂的阳光。

成功的背后势必隐含着巨大的努力，对于搪塞的千万种借口须将它们瞬间消散。否则，就会养成推卸责任、散漫懒惰的个性，而难成为出类拔萃之人。平时多做一点儿、学一点儿、多积累一点儿，就可能得到比别人更多的机会。

安妮原本是约翰手下的一名小职员，而通过几年间的成长，她已然成为约翰的左膀右臂，担任起一家下属公司总裁的职务。她的快速升迁，就在于她总是比别人多做一点。而她的这种工作态度，却来自于上司约翰的启示。

安妮回忆到：起初为约翰先生工作时，我就发现他总是最晚离开办公室的人。当大家都下班了，他仍旧留在办公室里继续工作到很晚。后来，我也决定下班后留下工作。没有人要求我这样，纯属自愿为约翰先生提供一些帮助。慢慢地，约翰先生将原本亲自找文件、打印材料的事宜都交由我来处理。

安妮的这种主动行为，并未体现在报酬上的增值，却给她赢来了比直接报酬更重要的机会，赢得了老板的关注，最终获得了提升。

平凡的小沙粒从进入贝体初起蜕变为一颗圆润、光泽的珍珠，其间需要经历漫长的年月。同样的道理，一个普通人想要成为世人敬重的成功者，也必须能不受固于完成本职的任务，而是要做得更多更好。

全力以赴，摒弃在勉强中的尽力而为

> 勇于挑战自己，勇于担负失败的责任，为成功全力以赴。

尽力而为和全力以赴有何区别？当我们面对同一境遇时，分别采取这两种态度去应对，会发生什么结果？

有这样一则故事，或许能回答这些疑问。

森林里，猎人一枪击中了一只小鹿的后腿，猎人于是放出身边的猎犬猛追受伤的拼命奔跑的小鹿。但最终猎犬无果而终地悻悻回到猎人身边，迎接

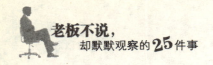

它的是猎人气急败坏的责备，猎犬很不服气，心想：我已经尽力而为了。

带伤跑回鹿群中的小鹿迎来的是伙伴儿们的惊叹，大家都难以置信它何以能摆脱危机。小鹿答道："猎犬是尽力而为，我是全力以赴！它最多挨一顿骂，我却可能是丧命！"

职场中，我们也在扮演着类似"猎犬"与"小鹿"的角色。在工作时，有人如猎犬般尽力而为，有人像小鹿般那样全力以赴。

小陈是保险公司的一名业务员，在工作的 3 个月里，他没签到一个单，并遭受了无数的冷言拒绝。一天，在拜访客户的路上，突然天降大雨，他被浇得浑身湿透。

看着自己的形象，更没有信心去找客户了，于是他开始返回，大约走了100 米，他还是停了下来，想：还是得试试！他接着往客户公司门口走，最终来到客户门前，硬着头皮走进办公室。

结果，客户被他的诚意所感动，小陈也签下了自己的第一份订单——3 万元保险。

在后来的工作中，但凡涉及到新辟业务，都能看到小陈的身影。这其中的苦楚只有他自己感受最深，然而他却很感激这些"苦难"，正是这些经历给予了他很多磨炼。在近 10 年的日子里，他做过销售、做过市场经理、负责过房地产的开发经营，而今的他已是公司投资的客户总监，并兼任其他 3 个领域的总监职务。正是小陈一直以来的全力以赴，为他赢来了不俗的业绩，获得了大家的肯定。

工作是你的分内之事，并非一种做多做少、做好做坏都无关己身的事。不应把自己当成一个打工仔，而应把手中的工作当成自己需要经营的事业。这样一来，你不仅会收获更多的乐趣与收益，而且也会吸引老板的关注，当有提薪、晋升的机会时，你会成为首先考虑的对象。

你在执行团队目标时能否做到绝对服从

一个人从出生开始，就和"服从"密不可分地紧紧联系在一起。在企业里，没有对制度的服从、对团队的服从，就不会有企业核心的凝聚力，也就没有企业文化建立的根基。对于制度、调配不能服从的人，特别是一贯不服从管理的人，不论其能力多么出众，都很有可能成为首先被裁的对象。个人要有主见，但并不意味肆意地自由、冒犯权威和纪律。权威和制度是我们获胜的重要前提，个人的意见也要通过合理、合法的正确途径、程序寻求实现。

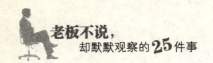

迅速领会领导的意图

> 人各有性，领导也各有自己独特的工作方式、处世模式。作为下属，要善于观察领导的工作习惯和方法，以便使自己的思想、行动与领导合拍，从而达成良好的合作关系。

意图是对事情的态度、对事物的立场和想法。因此，领悟、把握领导的意图对按照目标完成任务是至关重要的。特别是机关工作人员，准确领悟领导的意图是基本素质，是当好领导左右手的重要前提。

那么，如何揣度领导的意图呢？下边给大家提几个途径：

首先是观其行。行为在一定程度上体现了人们的客观思想动态，领导的意图自然会在其行为中有所表现。对领导我们更要注重"观其行"，善于从他的行为中领悟其思想和主张，分析工作趋向，努力做到多算于前，少失于后。

其次是听其言。正所谓"言为心声"。多听"口风"或许有助于我们直接把握他的内心想法。语言是一种沟通工具，更是一种信息载体。对领导的言语要多做记录，善于在其处理工作时捕捉其中的零星碎语，这些都体现着他对事情的态度、立场和观点。要细心收集，才能领其意、思其想、办其事。

最后，察其微。注意从细节中善于收集细微之处的信息并对其进行整理，如能把点连成线、将线织成面并辐射开来，就可收窥一斑而见全豹的效果。这样我们或许就可以从领导的语言、行为和阅批的文件中体悟领导的工作思路、方法。

初步的揣摩，还需要纵深化地思考，以便全面理解领导的意图。领导的事务多比较繁忙，通常只是只言片语的初步想法即下达出任务。作为职场中人，必须用自己的聪明才智充分考虑主客观环境和发展趋势，进而为领导提供可行性的方案和合理化的建议。

第一，要深化和完善领导的意图。在相关政策的背景下，结合上级部门近期指示和要求，并切合本地实际，用发展的眼光深刻领会领导的意图、丰富其中内容。

第二，保持与领导良好的沟通。认真倾听领导交代的工作，明确工作目标、程序及可能产生的结果。切勿似懂非懂地着手工作，那样不仅无法达到预期效果，还有可能造成负面效应。

第三，纵向思考，升华领导意图。明确领导的意图后，接下来的就是对工作中的每步内容的深度思考了。从实际出发，概括、提炼、总结得出符合领导本意的结论，并形成可行的实施方案，这样才可能收到让领导满意的工作效果。

全面领悟领导意图后，还要努力提高自己辩证分析的能力，以下是几个可行的方案：

1. 切勿俯首帖耳、生搬硬套。主动思考、分析，在深思熟虑后敢于向领导提意见、说看法，只要是正确、适度的建议，领导都愿虚心接受。

2. 切勿一成不变、拘于套路。要善于分析领导的思路，在有新思路和更快捷的方法时，要适当地向领导提出，以便领导作出更好的决策。

3. 切勿以己之见代替领导意图。在执行时，出现吃不透、拿不准的一定要再次与领导沟通，彻底把握领导的意图。

当然，要想做到准确领会、把握和执行领导意图是一个需要在实践中摸索、积累、提高的过程，必须坚持不懈、持之以恒。当实践丰富、完善地领会领导意图时，做好领导的参谋和辅助工作。

心理学上所讲的"情境同一性"，就是说，当你能深深地沉浸于对方的情绪中，能够完全体悟对方的心态感受，进而表达出对他的关心、理解、友爱和体贴时，对方就会积极地回应，对你产生好感。懂得这个道理，并将其应用于职场，跟上领导的步伐，与他产生出"情境同一性"，就会促使彼此之间发生双向回应，从而建立良好的工作关系。

或许你会觉得这不太可行，平日里工作都做不完，哪有时间去观察人啊！做任何事都讲求个巧字，下边就给大家讲几个关键点。

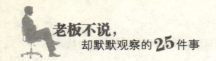
核心价值观。抓住领导最在意的价值观，掌握其内在的思想架构，就是领悟了其核心价值观。核心价值观不会随便改动，更不会随意妥协。因此，下属在工作中要与领导保持核心价值观的趋同性。

如果你触犯了领导的核心价值观，那必定会引起领导的负面情绪。比如，一位严谨的领导对迟到者就会怒气横生；一位整洁的领导看到杂乱的办公桌就不舒服；一位诚恳的领导对言辞闪烁的下属就会追问指责；一位注重效率的领导对工作拖沓的下属就会心存厌烦。因此，培养敏锐的观察力，多向同事们打听，对调整自己、迎合领导的核心价值观是很有帮助的。或许你有过这样的经历：当你与对方有共同的立场、观念，有相似经历时，就容易产生共鸣，碰撞出激烈的火花。

退伍军人小郑坐长途车回家，与他邻座的乘客始终无言。然而，当车半路抛锚、驾驶员百般无奈的时候，邻座的乘客对驾驶员建议道："再查下油路吧。"驾驶员将信将疑地照此去做，果然找出了原因，车又重新上路了。

小郑怀疑这位乘客的技艺可能是从部队学来的，于是试探着问："你以前也在部队待过吧？""嗯，待了七八年呢。""那咱俩可是战友呢！"……于是两人越聊越起劲，最后成了朋友。

这件小事告诉我们，悉心的观察、推断，在与他人建立沟通上起着举足轻重的作用。同样，在我们与领导的相处中也可实践。

摆正立场，绝不越位

工作中，要多从理智的角度思考问题，不要让情感因素蒙蔽了自己。

我们或许在心里都曾这样指责过自己的上司：办事能力远不及我，但擅长推卸责任只会一味批评我的工作不好，你也不过是比我的命好点儿罢了。然而，这样的上司，奈何能在现实里见到，且下属还要服从、听命于他呢？

上司之所以能成为上司，必有他所胜你之处。人无完人，与其明争暗斗，两败俱伤，不如与其为善、协同劳作。发现上司的不足，不如多承认你与他的差距，而且"小不忍则乱大谋"。作为下属，在与上司出现矛盾时，首先要做自我检讨，与上司建立良好的工作关系，对你的工作有百利而无一害。

工作作风人各有之，作为下属，首先要协助上司完成任务，实现既定目标。能够适应不同上司的工作方式，已然成为现今员工必备的技巧。其实，这种适应并非难以达到，只要诚意与上司接触、撤除主观看法和不良成见即可。

当然，工作中与上级沟通交流，更要从以下几点去维护与领导的关系。

1.切莫强上级所难，凡事要多从上级角度着想

设身处地，这 4 个字说起来容易，可要真正应用于实际工作中就会觉得不那么简单。我们在与上级交流时，常会产生非感情性的心理障碍，即未设身处地地考虑上级的实际情况，在脱离主客观条件下对上级"发难"。在我们要求上级应该爱护、体谅下属时，也应看到上级的难处，理解他的苦衷，无谓地给上级增加难题无益于工作的开展。

2.切莫抗拒、排斥上级的领导

一般情况下，上级领导的决策、计划是从全局出发考虑，有时会与小单位的利益发生矛盾，从顾全大局的角度考虑，此时不应抗拒不办，而应积极配合。如果是人为因素同上级产生矛盾，明知上级是对的，也抗拒、排斥不做，那更是不应该。当下级与上级产生矛盾后，最好能主动与上级进行沟通，及时地进行心理沟通，会得到对方的宽容、谅解，以维持友好的状态。

上级在作决策、订计划、指挥实施中，难免会因各种原因而出现失误。当发现问题时，不能因投其所好、讨其欢心、恐其不悦而使事态蔓延，此时应及时指出、尽快纠正，以减少损失。否则任其发展，可能会毁掉整个计划，甚至祸及整个团队，最终也会祸及自身。发生这种情况时，不要让"忠言逆耳利于行，良药苦口利于病"的理念先行，要知道忠言不逆耳、良药不苦口方为治病的上策。"以迂为直"的战术、"曲线救国"的策略在某种情况下，可能收到更

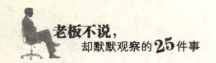
好的效果。在指出上级的失误时，要考虑怎样才能让上级接受，不要牢骚满腹、直言批评，这样做有时不但起不到效果，还可能增加摩擦和冲突。对上级的失误，要会"补台"，帮助上级弥补失误，冷眼旁观或是讥讽嘲笑都会使上下级关系变得紧张而冷漠。同时，在对上级提出好建议时，不仅要及时，还要注意口气，切勿胁迫而使对方难以接受。

别做"刺头"

人多喜欢听美言，这绝非阿谀奉承、溜须拍马，而是一种与人为善、同人交流的技巧。

人对美的事物总是欣然向往，对好的语言也是如此，就连包拯也喜欢百姓称颂他为"包青天"。然而，喜欢用语言赞美领导的人未必能得到领导的信任和赏识。如果你平日恭维领导使领导开心，但关键时刻却有违旨意，违反领导的决策，不服从领导的指令。那你也只能说是语言上的巨人、行动上的矮子。

正所谓"恭敬不如从命"，与其谦恭地敬重，不如顺从地听命。倘若你能秉持服从是金、语言是银的宗旨，那你可能会成为一名出色的赞美者。

说多不如做多，人们还是很讲究实际的，一个人说得天花乱坠，却什么都干不来这只会遭受他人的歧视。下属的赞扬是对领导威信的维护与尊重，但言行不一，实际就是无视领导的权威，损害领导的尊严。

这里有几点建议可以帮助你被领导器重，让领导喜欢你、提拔你。

1.有问必答，言答必详

我们在与上司交流时，一定要注意回答的方式与语气，避免让对方产生不自在的感觉。"你没看到我正在做事吗？""就不能等会儿！"像这样的话语，即使上司当时不会发作,其内心也一定不舒服,日子久了可能会对你心生厌恶。

对于上司的问话,一定要有问必答,最好是能有所详尽地描述,以便对方清楚地了解情况。因为,你回答的内容越多,上司会对你越放心;若你所答甚少,定会增加上司的忧虑。

回答上司问题时,需要注意细节。上司问话时需要站立,这是基本的礼貌。很多人没有意识到这个细节,当领导问话时还稳坐钓鱼台。这虽然是个小细节,但会让上司觉得你并不随便而增加对你的满意度。

2.要主动报告工作进度

上司的心中常常存在这样的疑虑:下属们似乎每天都很忙,但不知到底在忙什么,也不好经常询问。因此,如果你能及时向领导汇报自己的工作进度,使上司放心,不要等事情完工后再讲。这样做也可及时发现问题,以免小错误发展为大问题。让领导随时掌握你的工作进度,让他放心。管理学上有这样一句名言:下属对我们的报告永远少于我们的期望。因此,做下属的越早养成这个习惯越好。

3.与上司建立良好的沟通

向领导汇报最好简洁、有力,切莫浅显、琐碎而干扰、浪费他的时间,而且重要的事必须向他请示。

4.建立上司对你的信任

对任何报告都要翻看两次以上,确保没有错漏后再交到上司面前。对于未能准时做好的项目要预先通知上司,当然能在规定时间内完成最好。同时,作为下属,你须主动、圆满地把工作完成,而不要等着上司来催促。

5.当你被授以重任,一定要明确领导的本意、想要达到的目标,在这种情况下确定你的做法,以免产生麻烦,造成误会

6.不要将自己的目光局限于分内事,应争取在多个方面获得经验,提升自己的"价值"

对于困难重重的任务,也要勇于尝试。出现问题时,首先学会自我思考,然后将考虑的结果阐述给老板。

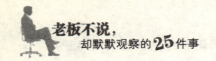
7.对于工作中出现的错误,不要找借口推卸责任

解释不能改变事实,承担责任、努力工作,保证相同的问题不再发生才是上策,要在错误面前学会接受批评。

8.当误会发生时,消除你与上司间的隔阂是很有必要的,最好是你主动伸出"橄榄枝"

对于自己的错误要勇于承认,找出造成自己与上司产生分歧的症结,对上司作出解释,表明日后会以此为鉴,并希望继续得到上司的关心。如果是上司的原因,则要以婉转的方式,把自己的想法与对方沟通,表示其中也存在自己一时冲动或欠佳的因素,并请求上司宽宏大量,这样既达到相互沟通的目的,又提供了一个体面的台阶给领导下,无疑对恢复你与上司间的良好关系有帮助。

服从是行动的第一步

200 年来,美国西点军校始终奉行着"服从"这一重要的行为准则,它是每一位新生被授予的第一个理念。无数名西点毕业生正是秉承了这一理念,才在不同的领域中取得了非凡的成就。西点推崇的是绝对服从的理念,在任务面前,每位学员都要想尽办法去完成,即使是看似合理的借口也不能作为没有完成任务的理由。

其实,服从在职场上也很适用。每一位杰出的职员都是像军人服从上司的指挥般地去完成任务,毕竟商场如战场,只有懂得服从的职员才会脱颖而出成为佼佼者;只有贯彻了"服从"理念的企业、公司才能不断发展、长存于世。

服从,在某种意义上讲是企业重要的生产力,缺乏服从观念的企业是没有发展前途的。因为,团队间协调运作的前提是服从,严格来讲没有服从就会失去一切。创造力、主观能动性都需建立在服从的基础之上，否则，再好的策划也无法有效地实施。企业要把服从作为核心意识来看待，要下大力气在公司内营造员工服从领导、服从企业、人人为企业的发展战略执行具体计划的文化氛围，最终达到领导与员工之间存在绝对的服从，下级对上级的绝对服从是他们的天职。

服从是行动的第一步。服从者必须暂时放弃个人独立自主、全身心地遵循所属机构的价值理念。一个运行良好的企业，它的每一位员工都会各司其职、各就其位，做好本职工作，每一位员工都会在服从的过程中对其机构的价值观念、运作方式有深刻的了解，并愿意服从各项安排。

然而，公司里也难免有些"刺头"，他们服从意识差、纪律观念不强，是老板最感到头疼的一群人。这些"刺头"们往往上进心不强、一无所求，对老板也是无视存在、恃才傲物，总有种怀才不遇的伤感。要知道下级服从上级是开展工作、保持正常工作关系的前提，也是老板观察、评价员工的一个尺度。

一帆风顺虽然不能与我们常伴，总会有狂风暴雨之时，然而无论境遇如何，以平常心去对待，暂时地忍耐、巧妙地服从，是智者的人生策略。人生总是徘徊于满意与不满意、愿意与不愿意之间。因此要学会忍耐，适时而短暂地忍耐是一种智慧的表现。在合适的时机巧妙地表现出自己的不满，而非情绪的爆发与失控，这样不仅能训练出自己宽阔的胸怀，而且也是在秉持服从中表现出的聪明之举。你的这种情感上掩藏极大不满、理智上执行老板决定的行为，会被老板记在心里，他会了解自己在下属心中是有威信的。同时，对你的气度和胸怀也会产生敬重之情。

相反，如果一味地顶撞老板，使双方都陷入某种特定的紧张状态，只会使气氛更加不愉快、失去缓和，发展为僵局。而日后你要想改变这种情况，则需要付出比你当初忍辱负重地服从大出数倍的代价。正所谓"早知今日，何必当初"呢。

当然，所谓的服从也绝非机械式的听从，其中是有技巧可寻的。在职场中拼杀一段时日后，你就会发现这样一个事实：同样都是服从、尊重老板，而每个

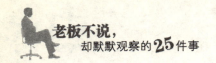
人在老板心目中的位置却大相径庭。而造成这种区别的原因就在于是否掌握了服从的艺术。多数人都会被动应付，把安排的事当做公事来办，不重视信息的反馈，更有甚者干脆来个"先斩后奏"或"斩而不奏"，结果却可能发生事倍功半的效果。而有些人则勤于动脑、勤于请示、勤于汇报，这种主动沟通的行为或许会使他们更贴近领导的初衷，不折不扣地执行、完成任务，继而收获"赏识"。

下边就和大家说说如何在展示你的个人品质时，同时赢得老板的赞赏：

1.勇于承担任务

即使老板交代的任务确实有难度，其他同事都不愿承担，你也要勇于承担。

2.善于配合有明显缺陷的老板

如今是个科技迅猛发展的时代，有些老板的文化基础较差，专业知识又不精湛，这样的老板往往在下属心中的位置不高，因此会对下属的反应很敏感。与这样的老板相处要善于借鉴老板多年积累的管理经验，同时以自身的才智去弥补其专业的不足。当服从其决定时，主动献计献策，积极配合老板工作。在表现对老板充分尊重的同时，又施展了自己的才华，既实现了自己英雄有用武之地的梦想，老板也有了左膀右臂。这种双赢的形势何乐而不为呢？

3.在服从中显示才智

对于才华出众的"专家"型下属，老板往往很重视，因为他们会对老板的决策和执行水平与质量起到举足轻重的作用。因此，在工作中要尽量发挥出自己的聪明才智。在认真执行老板交代的任务时，还要善于在服从中显示你不凡的才华。智慧加巧干，就会显示出高于他人的优势，也会为你在老板心理的天平上增添一枚砝码。

你是否在工作中爱岗敬业

敬业是职场中最应值得重视的美德。在一个团队中,当其中的成员都能敬业时,才能发挥出团队的力量,才能推动团队所在机构、企业、公司的前进。在工作中应该有奉献精神、有牺牲精神;应该兢兢业业,争取把工作做到尽善尽美;对于工作要专心致志;不要漠视所谓的小事;应该时时刻刻心系工作,不要做撞钟的和尚。如何将自己热爱的工作做到最好、做到敬业呢?仔细阅读下边的文字,对你将会有所启示。

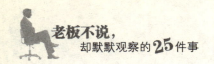

心系工作，不当撞钟的和尚

"公司能为我做什么？""我付出的辛苦与工资成正比吗？""既不能升职，又不能加薪，还不如忙里偷闲，反正这样做也不会被扣工资或被开除。"这些想法是否总是浮现于你的脑中？如果是这样的话，你可能会是那个做一天和尚撞一天钟的小僧了。

不能全身心地投入到工作中，而是得过且过、绕着困难走，到头来你会失去更多，甚至有生存危机。下面这个故事，对有这种想法的朋友可能会有所启示。

一位富商送给村里一批牛，帮助开垦土地。起初村民们满怀希望地奋斗，可日子久了，对于牛群自身的耗费已然成为一大负担，日子也并未改善。于是，有人出主意说："不如把牛卖了，换成羊，饲养羊来卖钱。"大家觉得这样要比开垦田地更有"效率"，于是牛群变成了羊群，还杀了几只羊分吃了。

但实际上，羊群并未饲养成功，一方面没有更多的牧草供羊群食用，另一方面，小羊的成长也非想象中那么一蹴而就。于是，又有人提出把羊卖了养鸡，这样可以靠卖蛋致富。然而，还未等人们实现发财梦时，到了收割的时候，他们才想起那一头头壮实的黄牛。结果是庄稼歉收，鸡群也未饲养成功。

村里人总是抱着将就着过、得过且过的想法，于是牛变成羊，羊变成鸡，最后是一事无成，并且连原本有的事务也给搞砸了。人生在世，很多情况下是在你期望得到牛的时候，你仅有羊；在你期望羊的时候，你只有鸡；因此，得过且过只会导致过不下去。

当今竞争如此激烈，但各个公司中却也不乏消极怠工、不尽职尽责的员工，"混"是他们的工作态度。在大家都积极上进、努力工作时，唯有他们依然"我行我素，超然物外"。这并非一种本事，而是对自己大好时光的浪费，终将落得个一事无成的下场。

得过且过如此危险,你是不是也沾染上这种习惯了呢?那就从以下几个方面来检查一下自己吧。

1.拈轻怕重。你是不是总找轻松的事做,在集体里总是怕吃亏、怕被占便宜,总想着浑水摸鱼呢?

2.推卸责任。出现过失时从不主动承担,总是在别人身上找问题,愿意将责任推卸出去?

3.自作聪明。你是否会认为做多余的事是种愚笨的表现,聪明人才不做这傻事呢?

4.只做大事。你是否有过大事才能施展出我的才华,琐碎工作非我所想?

如果以上几点你纷纷对号入座,那可得提防篇头成为那个小僧的危险了。

工作第一,不要让私事占用你的上班时间

不利用上班时间、公司财物做私人的事情,这是基本的职业道德。

在工作的时候打个私人电话、让朋友在工作的时候找自己办事……这些事情会发生在你的身上吗?是否会遭到老板的反感?会给你带来什么后果呢?

身边有热心朋友会不定时地随心所欲地找你谈天说地,你可不能像他那么随性地在工作时间也热情款待;过分关心子女的父母,可能会在工作时间突然造访,了解你的工作环境、同事情况等等,你最好温和地拒绝他们。因为,任何人都不希望这种突然的打断,这不仅会影响你的工作,也会给其他同事造成困扰,使大家都无法专心工作。

电话,作为一种社交工具早已风靡全球,它的存在使我们与他人的沟通变得便捷。而有时候,这种便捷也可能会给我们造成困扰。试想,正当你专心工作时,突然被一通电话打断,要想重回原先的状态就不那么容易了。当你正在完成某件限时完成的工作时,"嘚嘚嘚"的声音由远而近,你不得

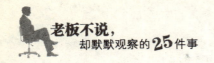

不去接这个电话，这样一来，你整个工作进程便被打断。

小浩是个很能干的员工，虽然工作紧张，但她处理起来总是得心应手。小浩很活泼，喜欢打电话，在工作中也时常能看到她捧着电话聊着："忙什么呢？周末我们去淘名牌啊！""好久不见，周末聚一聚呀！"

正当小浩与朋友天南海北聊地进行时，却丝毫没注意到其他同事已经向她投来异样的神情了。同事们对她很是不满，她抱着电话不放，别的同事有公事打电话都没法用。而且，她总是占线，使一些与公司有关的电话也进不来，无形中失去了很多订单。老板知道此情后，大发雷霆，终于将小浩开除了。

或许，你认为这是小浩赶巧撞上了、倒霉了。但可曾想过，例如打私人电话、聊天、迟到（哪怕是几分钟），这些看似很小的事情，做一次在别人眼里可能就代表了你经常做。偷个懒、做点假、少干点活，你可能觉得没人发现，但世上没有不透风的墙，不要指望别人会为你保守秘密（即使他们也做过）。要知道，很多双眼睛正盯着你，就等着抓你的错呢！不要心存侥幸，认为别人做错未受到惩罚，你也能逃脱，兴许这种杀一儆百的事正好落在你头上。"办公室里无小事"在你看来是小事，传到领导耳中也许是了不得的大事，再加之小道消息的传播效应，其结果可想而知。

那些认为公司薪水太少、利用上班的时间做兼职的员工；那些完成自己分内工作后做个人私事，如利用公司电话打私人电话、用公司电脑查寻私用资料；那些吹着公司空调，一边喝茶一边看闲书的员工，在老板看来是不够敬业的员工。如果你在老板心中逐渐形成了这样的形象，那离你走人的时候也不远了。

公私分明，尽量不要在办公室里处理私事，必要的情况下告诉亲戚朋友，尽量不要在上班时间打扰自己。当然，也不要把自己全部都投入到公事之中，离开工作环境后，就尽快把精力转移过来做自己的私事。在职场中要认识到这种公私分明的潜规则，并要很好地遵从它。

勇于奉献，要有为工作牺牲的精神

　　奉献，在职场中就是对自己的事业全身心地投入以及不求回报地付出。奉献精神是任何企业里都是员工必不可少的精神。

　　只要你心存感激地观察，就会发现我们的身边有很多人都在默默为大家做着奉献：清晨为大家开窗通风者；中午为大家主动订餐者；晚上下班时认真检查各项电源、开关是否关闭者。虽然，这些举动都看似平凡、微不足道，但有时却是那么关键与贴心。

　　当然，奉献在很多情况下是与牺牲相伴而生的。在公司业务繁忙时，能主动放弃休息时间，考虑全局的赶进度，是一种奉献；在个人利益、荣誉与企业利益、荣誉冲突时，能不计个人得失，全然为企业考虑是一种奉献。这些奉献都是与牺牲同时发生的，因此是值得尊敬、值得记忆的。

　　李想和晓峰是同级毕业的伙伴儿，他们进了同家公司，有着相同的环境，从事着相同的工作内容，然而仅仅数月之间，他们就发生了天壤之别的人生轨迹转变。

　　公司规定，凡是新人都要到镇级的分理处实习3个月，主要的服务对象是社区内的老人。由于条件所限，这种分理处的个人业务办理窗口设置得少，而且没有排队叫号机。因此，吵架、大打出手的事情已如家常便饭般天天上演，而且经常在下班后还会滞留很多等待办理业务的人。

　　在这种环境中的李想开始安慰自己：只要不在资金上出现大的问题，业务会越办越熟练，没人知道我的情况，不必太用心。于是他变得懈怠，失去耐心，态度也开始恶劣。

　　然而，晓峰却与李想恰恰相反，他认为：既然干了这个服务行业，就应始终全心全意。他常常提早赶到办理点，与保安一起引导大家顺序排队；为改善工作秩序，他自制了可以长久使用的塑料号牌发给等待的顾客；为提高工作效率，他自掏腰包买了小喇叭以便服务耳背的老年人。

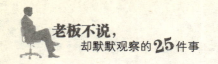
就这样，3个月后，晓峰带着群众送来的锦旗，李想带着懒散的习惯回到了总部。事如人料，晓峰得到了总部的重用。

两个人的起点全然相同，为何仅仅3个月就出现了截然不同的去路？原因就在于两人不同的工作态度和奉献的意识程度。相同的岗位，面对相同的问题，李想得过且过，晓峰牺牲自我，尽职尽责地为大家贡献。正因于此，晓峰赢得了众人的尊敬，收获了职位的升迁。

其实，奉献并没那么高不可攀，像晓峰那样，在"举手之劳"时体现出了奉献的精神。而当我们把这些"点滴小事"、"举手之劳"变成一种习惯，那你就会发现奉献原来可以汇聚成巨大的能量，并辐射更广的范围。

勤能补拙，在工作中力求兢兢业业

勤恳是员工不可或缺的美德，是企业离不开的理念。一名合格的员工必然是在工作中力求勤恳、认真。

勤恳，是人们对所在领域、所在岗位的辛勤劳作，是对自己的专业知识与技能精湛与否的时时反省。它会使你有意识地提升专业素养，扩充专业知识与技能，确保胜任本职工作。

A和B在同家公司做研究员，不同的是A比B晚3年工作。然而，A的勤奋使他们在业绩上不相上下。一次，在办公会上，领导布置了一项重要任务，需要他们每人拿出一个可行方案。

A在接到任务时感觉很有负担，总觉得以自己目前的专业水平恐难胜任。于是，他利用业余闲暇时间找来各种相关的专业书籍为自己充电。在日复一日的演算中，从厚厚的演算纸中，他终于做出了令自己满意的方案。

B在接受任务之后，觉得凭自己的经验，只要用点心，方案就能通过。于是，他按照自己一贯的方式来做这次方案。

在确定方案的会议上，A 的方案很是吸引众人的眼球，且对于各种问题也能对答如流；B 的方案似乎并未引起大家的兴趣。经过激烈讨论后，采用了 A 的方案。虽然，B 对自己这次的失败并不甘心，但想到开始的不经意态度，也只能默默接受了。

从上述案例中，我们可以深刻地体悟到勤奋的重要。工作中，当技术出现瓶颈时，A 采取勤奋学习提高自己，渡过难关；B 却沉浸在自己的经验中，未能与时俱进。可见，勤恳会让我们意识到与他人的差距，会让我们缩短与他人的差距。只是，在很多时候，我们可能会被无形的诱惑、逃避之心夺去了前进的动力与机会。

试试下面这些方法，或许可以使你重新拥有勤劳的品质。

首先，当你开始拖延时，就从当下开始，着手于某个你想规避的杂务，即使你觉得繁琐无趣。

其次，当你墨守陈规时，就从当下开始，让大脑运转起来，探索、钻研，以求得创新。

勤恳是最能体现精气神的品质。当我们被懒惰吞噬心灵的时候，唯有勤恳能拯救我们；当我们发现有这样或那样的不足时，唯有勤恳能帮我们弥补这些漏洞。因此，勤勤恳恳、兢兢业业地工作，会为我们赢来机遇，让我们立即开始勤奋工作吧。

尽善尽美，把工作做到无可挑剔

出色的工作是优秀员工的表现，是管理者的理想，也是组织发展的需要。从根本上讲，出色工作的重要意义在于为自己今后的发展与成功奠定基础。

有统计指出，职场人未来 80% 的发展机会源于工作，那么出色的工作必然成为迈向成功的铺路石。

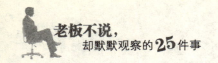

因此，尽善尽美、尽心尽责地工作是很有价值和意义的。老托马斯·沃森在 1914 年创办 IBM 公司时就将"不断追求完美的工作表现"设立为全体员工的"行为准则"，并为人们称为"沃森哲学"。

老托马斯·沃森经常对员工们说："在工作中追求完美，比达到一般标准要好得多。"小托马斯·沃森也觉得这种信念会使人对尽善尽美产生狂热的追求。正因为此，IBM 的产品质量、服务品质都在不断追求完美中发展。

当然，一个极端的完美主义者，不会让人感到舒服；一个要求达到完美的环境，也不会使人感到是个'安乐窝'。但是，追求完美在工作中确实是促使我们不断发展的驱动力。

下面的事例能便于我们更好地体会尽善尽美的魅力。

赵明是一个自认为专业性、创新性都很强的新员工。一次，领导将一个为知名企业做广告宣传的任务交给了赵明。自认才华横溢的他用一天时间就把这个方案做完了，但日后迎接他的是反复的退回、重做。终于，他忍不住内心的不满，敲开老板办公室的门，质问道："老板，方案到底哪有问题呀？"老板淡淡地说："这是你能做得最好的方案吗？"赵明不做声，默默走出门。

回到办公桌前，赵明调整了一下情绪，费尽心思，苦思冥想了一周后，终于向老板交了终稿。老板看到他的方案后，赞赏地说："好！这个方案通过。"

经过这次事件后，赵明开始尽职尽责地工作，并不断提醒自己要专心致志。为此，他开始受到老板的器重，工作也越做越出色。

不要用"还好"、"足够了"等这些标准去衡量自己，否则会造成"地基"不稳的危险。没有将计划中的各项细节安排妥当，没有把事情一一完善，只会使自己陷入混乱。敷衍了事是一种粗陋的工作作风，必会导致你一事无成。

我们想要马上脱颖而出似乎很难，其实，只要我们能将每个细节做到位、做到完美，企业就有可能在业界鹤立鸡群。而对于个人，尽善尽美是一种品德，是一种成就自我的必须素质。

你对公司是否忠诚

　　既忠于老板又忠于自己的员工是优秀的、像样的、规范的员工。而对这种忠诚最直接、最有效的表现就是在你的日常工作中。因此，在工作中能够以工作为先，不因私人的事务干扰到工作；能够在工作中公正廉洁，做好岗位内的每一件事；能够为公司或是老板保守机密，不为金钱动摇自己的忠诚；能够将忠诚付诸行动，而不是一句口头语而已；当公司面临危机时，能够不离不弃、患难与共。

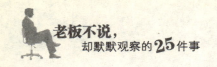

忠于职守，干好岗位范围内的每一件事

　　"千里之行，始于足下。"不要让远大的理想妨碍了你眼前的工作。小事都做不了，何以谈能做大事呢？当你把眼前的事情都一一做好时，才能证明自己的价值，才能说明你有当领导的能力。因此，"一个将来能当将军的士兵，首先要是好士兵。"此话确有一定的道理！

　　小常毕业后，在一家工厂任技术员。在前辈们的帮助下，经过几年的实践锻炼，小常很快被提升为车间副主任，主管生产技术。慢慢地，在小常的心中滋生出一种自以为是的情绪，变得目中无人、自以为是，对他人的意见也不尊重。

　　一次，生产线发生了技术问题，产品质量深受影响。小常赶赴现场看过之后，武断地认为是工序中化学原料的配比不合适，使用新一家原料方提供的产品时应该改变配比比例。然而，工人们根据他的意见调整比例后，情况并未好转。此时，一位有经验的老技术员提出了设备本身有问题的不同看法。小常虽然觉得有一定道理，但总觉得自己是技术主任还是领导，不能因判断错误而丢面子。为了顾全自己的面子，他仍坚持之前的做法，并未对设备进行检查、维修。

　　两周后，问题继续扩大，公司因产品质量大幅下滑而蒙受巨大的经济损失，小常最终因玩忽职守而被开除。

　　在错误面前，小常若能勇于面对；在责任面前，小常若能以大局为重，不计较个人颜面，那么结局应该恰恰相反。其实，在缺点和错误面前敢于承认，周围的同事不仅不会看不起你，反而会因能够正视自己而更受人尊敬。

　　我们常把拿破仑的名言"不想当将军的士兵不是好士兵"巧变为"不想当老板的员工不是好员工"。然而，我们需要理解这句话的本意是在鼓励大家要有理想、有抱负、有追求，而并非是"想着"自己是老板。如果我们因自己是"老板"而忽略小事,因自己是"老板"而无视他人的合理建议,那就会像故事里的小常一样终究成不了老板。

其实,在工作中,你有很多机会能证明自己的价值:如果你是客服中心的话务员,你能否在同岗位中 100 多位话务员中名列前茅?如果可以,那你将来当上总经理后,也一定会有出色的表现。现实中,很多人的第一份工作并非自己擅长的领域。但这并不影响你成为一名优秀的员工,如果你在工作中足够努力、尽职尽责,一定会有崭露头角的一天。

对于初入岗位的大学毕业生更是如此,有一部分人总是眼高手低,大事做不了,小事干不好。仔细想想,只有当你踏踏实实把一件事情做好时,并且比其他人达到更优的效果,你才算是有能力,才不会被淘汰。

一位智者曾经这么说道:"当你能真正做好一颗订书针时,其价值远比你制造出一台粗陋的蒸汽机更大。"

廉洁公正,任人唯贤

人才永远是企业中的宝贵财富和根本竞争力,正所谓"成也萧何,败也萧何。"企业的用人决策在很大程度上决定了其兴衰。但是,企业是任人唯贤还是唯亲?这种"贤"与"亲"之间的平衡是个很值得探讨的话题。

一个企业若能尊重人才、重用人才、任人唯贤而不徇情、嫉妒贤人,则会走向事业的发达。但如果是以亲疏划线,将无能的亲朋作为栋梁,则事业离失败就不远了。

历史的事实也是这样告诉我们的,凡是英明的统治者大多任人唯贤而兴国立业。其实,企业也似一个小国家,若能采用良好的人才策略、机制,企业的生存和发展才会有所保证。一个企业拥有的贤才越多,企业获得的收益就越多,绩效也才会更好,在激烈的竞争中也才会长盛不衰。然而,能知"贤"才能用

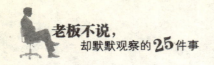
"贤"、才能任"贤"。作为一个决策者何以能知道这个人是不是贤才呢？由于信息不对等，观察一个人的能力并非易事，想做伯乐也并不是件容易的事。

人各有长，贤能之人也是各有所专。企业中有很大一部分面临发展的瓶颈并非产品不够好、技术不过硬或是市场不够大，而是岗位上缺乏合适的人才，能够真正将其才华发挥出来的人才。明明是一个好的文书，有过人的文采，处理文件也十分得力，却偏偏去当部门经理，这只会因其缺乏帅才而业绩平平。当然，帅才之中也分为进取派和稳健派，有善于在逆境中求发展、求稳定者，有善于审时度势，决定进取者。因此，即使企业中有贤才也要懂得知人善用、用人所长，使英雄有用武之地。

我们在了解一个人的才能时，不仅可以通过他的工作表现，还可以观察他在生活当中的言行，多渠道地去了解，听听大家的意见，这样既可以更多地发现他的长处优点，短处及缺陷，还可以将错误判断的发生率降低。在全面了解之后才能更加合理地分配他们的工作岗位，才能优化安排。

韩国三星公司是我们熟知的大品牌，在它的核心管理层中，有近70%的是公开招聘而来，他们在各级管理层中发挥着巨大作用。与此同时，对于社会和政府的各种有用之材，他们也敞开大门。在三星里，你能看到某校的知名教授，也能看到退职的政府官员，还有移居国外的高级人才。在这里可真是人才济济，也因此，三星涉及的领域甚为广泛。

三星的这种广纳贤士的做法避免了任人唯亲的裙带之风，创造了以业绩晋升的良好风气。正是这种善举激发了各级员工的创造热情，使企业员工充满活力和进取心。在三星，企业很注重对业绩能力的考察，赏罚严明，绝不受人缘亲情的影响。

在三星，员工要想得到提升与高额报酬，唯有努力工作、提高业绩。公司的赏罚条例极为严格，不论资排辈，也不讲求情面，只要确有能力，便会受到重用，地位和薪水也都会随之提高。

到此，我们应该对任人唯贤还是唯亲有所了解、有所判断了吧。作为一个企业能知人善用，还能避免任人唯亲才能在发展的路上走得远。

守口如瓶，为公司保守机密

保守公司秘密是事业的需要，是组织的制度，是员工的基本行为准则。因为，公司机密可能关系领导的声誉、威望，可能联系着企业的成败。现在也有很多企业已经把道德放到才能之前，不论你的个人能力如何出众，但如果不够忠诚、人品很差，则可能无法跨入企业的大门。

保守机密对于任何一个组织都是十分重要的，在军队里，一语不慎可能会有全军覆没的危险；在公司里，一言不慎则可能导致竞争中的被动。作为员工，对老板、公司的秘密不要刻意打听，对已经知道的也要守口如瓶。

在工作中，不要因为自己思想的松懈而随意开口，说了不该说的话，无论有意还是无意都会造成了秘密的泄露，轻则使上司的工作处于被动，带来不必要的麻烦；重则可能危害企业利益，导致不可挽回的影响。这样的随口一说，其实是一种极不负责的态度，不论从员工个人考虑还是从企业大局着想，慎言慎行、保守机密都是我们始终应该遵守的。

20 世纪 90 年代，时任美国空军参谋长的杜根将军，因向记者公开发表了美国同伊拉克的作战计划以及美国空军规模和布防机密而被撤职。

商场如战场，对于企业的商业机密，任何一家公司都将其很看重，但是企业却难以保证每一位员工都能保守秘密。员工会因粗心大意导致泄密，或是因为缺乏商业机密的相关知识而在无意中泄密，还有的是因为经不住各种诱惑而恶意出卖。前两种情况并非员工品质有问题，而后者的恶意行径则是品德问题，这种员工在任何一家企业里都是一颗毒瘤。

面对诱惑，有人会背叛自己的忠诚，因此能够守护忠诚是很可贵的品质。坚守忠诚是需要鉴别力和抗诱惑力的。当你能忠诚于所在的企业，收获的将不仅是企业对你的信任，还有许多未知的收益。

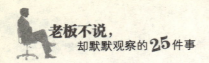
小谷是一家电子公司的工程师骨干，在日益激烈的市场中，他所在的这家公司面临着大企业的巨大压力，处境艰难。

一天，该行业内大企业的技术部经理邀小谷吃饭。餐桌上，那位经理要求小谷将所在公司的内部数据窃取给他，并承诺会有一笔数目可观的酬金给他。而小谷却说："虽然我的公司效益不好，但这种出卖良心、出卖人格的事我决不会做。"说完扬长而去。

不久，小谷所在的公司破产了，他也失业了。在家等待机会的他，突然接到之前要他窃取资料公司的电话，邀他去总裁办公室一谈。

小谷疑惑地来到那家大公司，总裁热情地接待他，且拿出一张非常正规的聘书——请小谷担任技术部经理。

小谷有些丈二和尚摸不着头脑，半信半疑地问："你为什么这么相信我？"总裁点头说道："之前的技术经理退休，他临走时向我讲了你的故事并推荐了你。你的技术精湛，又为人耿直，是难得的人才啊！"

最终，小谷凭着自己的能力和良好的诚信，成为这家公司的高层领导。

能经得住考验，能不为诱惑所动，不仅不会使你失去眼前的机会，反而会赢来更好的机会。

言行一致，别把忠诚当空谈

忠诚，是一种工作态度，是承担某一责任或进行某个项目时表现出的敬业精神与职责感。同时，它也是衡量人格是否成熟、完美的重要标准。唯有当你具备这些时，才会赢得组织的信任和重用。

职场中的"忠诚"不仅是一种必备的职业道德，而且是一种能极大发自己潜力的源泉。因为，当你怀有忠诚之心时，就会把企业的兴衰成败作为己任，将企业的发展作为个人思考的方向，并愿意为企业创造价值，会以企业为荣,把企业当做自己的家。这样的状况,自然会使自己亲力亲为,也就会把自己的聪明才智发挥得淋漓尽致。

在工作中,不管你的能力是高是低,一定要具备忠诚的品格。当你真正表现出对公司真诚时,就会得到老板的信任。因此,也就会乐意在你身上投资,给你更多的培训机会,进而提高你的能力。在老板看来,你是值得信赖和培养的。这样一来,你也会因付出忠诚而收获双倍的忠诚,因为忠诚是一条双行道。

口头上的忠诚只是口号,要在实际工作中通过努力工作来体现。在做好分内事的基础上,我们还应表现出对老板事业的兴趣。无论在什么情况下,都要像对待私有财产那样照看好公司的设备和财产。同时,对于公司的运作模式我们也应赞同,保持与公司共同发展的事业心,对老板的才华也应由衷地赞同。即便是有分歧,也应树立忠实的信念,求同存异,化解矛盾。对于领导和同事出现的错误,应诚恳地向他们提出;当公司面临危难的时候,也应有同舟共济的念头。

1942 年,由于战事资源匮乏,一位官员给汤姆·沃森打来电话,要求他在 3 天内将 150 台机器送到华盛顿。于是,汤姆·沃森告之身边工作人员从各地办事处调集机器,并指示他们在每辆货车踏上前往华盛顿的路上时,就立刻给那位官员打电话,告诉出发时间和预期抵达时间。此外,他还请警察和陆军护卫行驶的各辆载货卡车;并将客户工程师请到现场;在乔治城还建立了一座小型收装机器的工厂。就这样,150 台机器在如此短的时间内竟然全部到位。

在一定程度上,忠诚于公司,就是要竭尽全力地为公司授予你的责任作出应有的贡献。也就是说,要始终维护公司的利益,就像上文中故事里的汤姆·沃森。此外,主动改进、主动发现并履行责任,也是一种忠诚的表现和自身综合能力的体现。只有把公司当做自己的家,处处为公司着想,与公司同呼吸、共命运才是真正的忠诚。

那么,我们的"忠诚度"要如何体现呢?答案自然是工作绩效。企业是

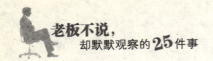

以利润为生命线的，而企业的利润又是需要每位员工来创造的。因此，客观地评价一名员工的价值自然要看他所创造的利润有多少，这也就是个人对企业忠诚度的最好体现了。

资历是对你进入某一企业年限的反映；阅历也只是反映出你的从业经历；而实力才是真正能体现出价值的。对于那些熬年头、混资历而能力却未成正比增长的员工的确大有人在，而且有些人还浑水摸鱼占据了高位。但是，这种论"资历"而不论"实力"算是对企业有"忠诚度"，是企业真正需要的吗？

我们一定要切记，责任体现忠诚，能力体现价值。

患难与共，危机来临时与公司一起渡过

不管是出于职业道德还是职业需求，你都要将公司当成自己的家，并与之同舟共济，才会获得更大的发展空间，也才会在事业的道路上有所收获。

进入一家公司，不仅代表着你的一次机会，也是意味着你的命运从此与公司牢牢地联系在了一起。公司是承载员工事业的船，而你是公司前进的水手，因此它的安危事关于你。

一名员工有责任、有义务与公司一起抵御风雨，当企业面临危难的时候不要轻易逃避，而是要荣辱与共，共同面对，与公司同心同力渡过难关，唯有这样你才能成为公司真正的"主人"，否则你只是位搭船的"乘客"。

在企业发展好的时候趋之若鹜，在企业不景气的时候又"树倒猢狲散"，在太平日子里高呼"忠诚"，在考验的时刻却逃之夭夭。这种只能与公司同享乐，却无法与公司共患难的员工，何以称为忠诚？

华为、联通、海尔、IBM 这些企业都经历过起伏，都有过危难时刻，而这一次次困境犹如一把筛子,将那些急功近利、目光短浅的员工筛走,而留下认真负责、同甘共苦的精英。

在步入一家公司时,如果抱着不好就撤的心态,那你会始终无法融入公司中。这样的你也无法把每一件事情当成自己的事情来好好对待。

20 世纪 80 年代,日本著名的钟纺公司,其董事长伊藤先生就是从小职员被武藤董事长一手提拔起来的。

钟纺旗下的一家分公司由于连年亏损,董事长武藤决定让其停产,并遣散受聘员工。此消息一经传出,员工们开始无心工作,并对上司的态度也变得无礼。然而,伊藤却仍在办公室里日夜不停地工作,处理公司的收尾工作。终于,伊藤这种忠诚无私的气节打动了武藤先生,并决定将他调到公司当他的秘书。由于他的出色表现,3 年后就当上常务董事,后来武藤先生把偌大的钟纺集团都交给伊藤一个人来管理了。

后来,伊藤曾这样回忆道:"自己服务的公司濒临倒闭,是留下来发挥潜力的最好机会。如果错过,那我可能一辈子就是个小职员了。"

忠诚是一种人生境界。或许你并不拥有什么,但你应该将忠诚深存于心,因为它能使别人对你留恋,因为它能帮你为世界作出更大贡献。

你是否勇于承担责任

人们能够做出不同寻常的成绩的前提是首先要对自己负责。公民没有责任感，不是好公民；员工没有责任感，不是优秀的员工。一个没有责任感的人，何以能走向成熟？任何时候，要对自己、对公司、对国家、对社会负责。将责任根植于心，将其成为脑海中强烈的意识，这样就会让我们表现得更卓越。工作就意味着责任，职位越高、权力越大，责任就越重。没有责任感的员工决不是优秀的员工。

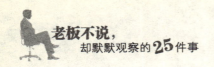
做好小事才能胜任大事

工作是由一件件小事组成的，看起来琐碎的小事可能起着十分关键的作用。正如海尔集团总裁张瑞敏所讲："每一件简单的事做好就是不简单，每一件平凡的事做好就是不平凡。"

《菜根谭》中说："嚼得菜根，百事可做。"就是说能把小事做好，并不断在小事中积累经验，培养出踏实果断的工作作风，才能在做小事中不断提升自己。人们常说：一滴水可以看到整个世界，一件小事可以看到人品。当我们在处理好一件件小事时，积累出经验，才能在大事面前临危不惧，有的放矢地做出成绩。

做报表、发传真、整理资料，这些看似枯燥无趣的小事，可能是刚刚走上工作岗位的大学生每天都要处理的。这似乎与我们当初的梦想很远，久而久之便厌倦了、疲乏了，就开始拖沓处置。可是，小事都做不好，谁敢将大事给你呢？做好小事、注意细节才能做出出色的工作，能够将此形成一种习惯，则离丰收不远了。因为，态度决定一切，而小事却是反应态度的最好载体。

我们应该怀揣鸿鹄之志，但却不能无视职责内的微不足道的小事，觉得这些事情如秋天飘落叶般，渺小而没有声息。可曾想当我们无视这种"静默"后，在接踵而来的一件件工作任务面前就会焦头烂额、无以应对。摩天大楼是要用一件件小的建筑材料构成的，我们做事、做人也是一样，要想比别人优秀，要想成就大业，就该在每一件小事上下功夫。

做小事中是可以发出耀眼的光芒的，伯乐也是善于从小事中发现人才的。而且，很多知名的大公司已经把对做小事的认真态度作为考察员工的重要依据。从基础性甚至卑微的工作干起，并不影响我们做出非凡的成绩。这是一个细节制胜的时代，对工作中的每个细节了解透彻，对每份数据都能准确无误,唯有这样脚踏实地才能达成宏伟的目标。只要是自己的工作,就要彻底对它负责。

一位妙龄少女的第一份工作是刷马桶。在常人看来她肯定会惧而远之、另谋他就。然而,这位日后成为日本政府的重要官员——日本的邮政大臣的野田圣子却没有这样。那是因为一名前辈的行动震撼了她。

第一天工作,野田圣子本能地想呕吐,也产生了逃之夭夭的念头。而此时一位前辈拿起手中的抹布擦拭着马桶,最终光亮照人时,野田圣子的灵魂为之一振:如此污秽的马桶竟然可以擦洗得这样干净,她心想:即使一生要刷马桶,我也要做最出色的洁厕人。

她以这样的心态迈出了人生的第一步,因此成就了自己的事业。

交响乐是由一个个音符谱成的,大机器是由一个个小零件组建的,壮丽辉煌的人生也是要靠一件件平凡的小事做起的。员工是企业运转的一个个小环节,只有当我们的工作保质保量,才会使整个企业的工作正常运行。因此,我们要严格地要求自己:

1. 对于接受的任务,要按时、按标准完成,无法完成,作任何解释都无用;

2. 对于已做完的事情,要认真检查,确定无误后再上交,切勿让领导指出破绽、漏洞后再辩解。

从小事做起,体悟平凡中的伟大,认真、耐心地做好分内之事,保证所在环节不出问题,促使企业正常运行。

工作也是一样,它包含智慧、热情、信仰、创造力……卓有成就而积极的人,就是在工作中付出了比别人更多的智慧、热情、信仰和创造力。而这些又是通过细节而体现出来的。因此,人们常说:细节能表明一个人的综合素质与能力。因为,一个人能在"小事"上做深、做透、做好,那他一定能胜任大事。

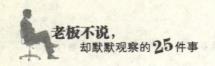
从大局出发，为公司遮风挡雨

"不要问你的国家能为你做些什么，而应该问你能为国家做些什么。"
这是肯尼迪总统在就职演说中的名言。在职场中，我们也应该将其作为获
得成功的基本准则。

生活工作中，我们很少问自己：我能为家人、朋友做些什么？我能为同事
做什么？我能为公司做什么？相反，我们却总是在向别人索取，甚至认为从别
人那里获得是很合情合理的。人们总是喜欢将自己的利益最大化，关心自己
能否获得足够的支持和帮助、能否得到更多利益。如果我们总是以"公司能
为我提供些什么好处"作为做事的出发点，那可能就会面临失业。

我们要学会站在他人的角度去考虑，"我今天为同事帮了什么忙？""我
能为公司和老板做点什么？"唯有这样我们才能自发地去工作，而不是被工
作赶着，这种主动与被动的工作心理，必然会造成工作效率与心情的不同。
如果把自己视为"商品"，那我们就要努力获得老板和公司这些"顾客"们的
认可，就要考虑他们的需求。如果要使自己不被别人替代，就要使自己成为
"物超所值"的"商品"。

在目前这个劳动力市场颇丰的时代，我们面临的竞争是很巨大的。为了使
自己不被淘汰，就尽可能不犯同样的错误，要在工作中切实付出。这样你才不
会为有朝一日的开除而担心。常问自己"我能为公司做些什么呢？"就是在思考
自己的生存之路；而整天考虑着"公司能为我做些什么"，就是在获取为人所替
代的机会。存在后者想法的员工，可以换位思考一下，把自己当做老板，当看到
员工这种的表现时，你会作何种感想呢？

当我们没有做出满意的工作时，老板并没驱赶我们，我们就该感谢老
板，因为他给了我们改正的机会。

甲和乙是同一家餐饮集团的营业员,因为表现均出色,她们常常同时被评为最佳店员。然而,祸从天降,有一次,一位顾客吃了甲售出的一份午餐后,突然昏厥、四肢抽搐、口吐白沫。对于这种突发情况,甲一直说不是自己的问题,可能是食物中毒。但是,其他顾客都纷纷怀疑自己也中了毒,并且有人打电话通知了媒体。关键时刻,乙很镇定,她一方面让其他店员打急救电话,一方面安抚顾客,并说明店里的食品都是经过严格检验的。有人质疑,要是食物中毒的话,你能负得起这个责任吗?乙当众吃下很多饭菜,正在这时,急救车医生到了,并作出诊断,刚才那位顾客是"羊角疯"发作。随后乙向前来的媒体讲述了事情的来龙去脉,并详细介绍了公司的卫生措施,也借机为公司做了免费的广告。

就这样,乙经过努力避免了一场虚惊,保障了公司的荣誉和利益,不久也升迁做了店长,而甲仍旧是一名普通店员。

这个故事使我们深刻认识到,一名好的员工要有与团队共荣辱的意识,要注重团队利益与公司的发展。按常规来想,我们工作是为老板、为公司;而反过来思考,我们是在为自己的生存和前途积累资本。因此,当我们碰到自己岗位职责以外的事,千万不要"各家自扫门前雪,莫管他人瓦上霜",而是要以公司利益为重,积极、主动地为公司处理好一些事务。

把蜜蜂与勤劳工作相关联,其实蜜蜂是很有集体观念、很会从"大局"考虑的昆虫。

蜜蜂在外出采蜜之前,会用分泌的蜂蜡在蜂群中建筑蜂房,而且会守卫在蜂巢的入口处。蜜蜂任劳任怨、一丝不苟地工作,换来的是自己与蜂群的安全。因为,蜜蜂知道唯有蜂群生活在安全的环境下,自己也才能快乐地生活。

其实,我们每个员工又何尝不是这样的蜜蜂呢?不和公司团队紧紧捆绑在一起,处处以公司利益为重,个人的前途又怎会有光明的未来?

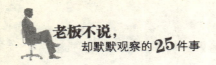

慎终如始，则无败事

> 解决问题时，有些人仅是把问题从系统的一个部分挪到另一个部分，或者只解决了其中一小部分。这些都是没有从实质上解决问题的错误做法。这种只满足于小修小补的态度不会给整个事情带来转变，甚至会给公司和个人带来巨大的损失。

善始善终地专注工作，是职业道德对我们的要求，也是个人魅力的一种表现。无论我们从事什么职业、做了多久，都应秉持这点。现实中，会有人习惯把工作做了一会儿、就束之高阁，并认为自己已经完成了一些事。这样做，与那些在门前准备抽射却又收回了脚的球员没有区别，只会功亏一篑。不能彻底、有始无终地完成任务，而是半途而废、只做一点，会让我们失去信任。在上司眼里，这样做可能会留下：不可靠、拖泥带水、纠缠不清的坏名声。

无论你是负责耗资数千万美元的开发项目，或是仅仅在完成一份部门业绩报告，都应该有始有终。否则，你可能会遇到一系列的麻烦：项目出现问题、浪费公司资源、失去领导与下属的信任，或是遭遇解雇的命运。

曾与多家知名企业，如 Sun、惠普和星巴克等合作过的管理咨询师曾这样说过：善始善终是一种能力，是对目标的解释说明和贯彻执行的能力。管理中，未实现善始善终可能是交流出了问题。当执行者与计划制订者不是同一个人时，这种情况就容易出现。当项目执行过程中逐级下传时，就不可避免地会出现遗漏，因此项目也就出了问题。不断改变计划会失去重点。

人们在开始做事情时，可能有一股冲劲，而当事情开始之后，是否有始有终，则需要毅力和恒心，因为我们要杜绝因时间推移而滋生出的厌烦。

很多管理人员在项目开始时充满热情，在项目进行一半之前，需要他们关注时，却已经失去了兴趣，转而去做其他的事情了。好的开头固然非常重要,但它也只是成功的一半。任何成功不仅需要"善始",更需要"善终",坚持到最后,才会有个完美的结局。

小海和小贝毕业后去了同一家公司应聘并最终都被录用了。上班第一天,经理就告诉他们,现在是试用期,非正式职员。抱着对日后工作的向往,两人都向经理保证:会善始善终,好好工作。

试用期的工作枯燥乏味,而且工作量大,经常加班到很晚,但他们从未抱怨,都期待着试用期后能成为正式员工。然而,在试用期马上就要结束时,经理找到他们并对他们说:"非常抱歉,你们没有通过公司考核,这是这个月的工资,你们需要离开公司,祝一切顺利。"听到这番话,两人很失落,觉得没有回旋的余地了。

那天他们都上夜班,小海想,虽然已被告知离开,但为了不因自己的原因而影响整条流水线的工作,他还是去了厂房。而小贝觉得木已成舟,领了工资后,索性没有去上夜班。

当小海疲惫地走出厂房,结束他"最后"的夜班时,经理正站在厂房的门口冲他微笑,并示意他过来。经理欣慰地说:"经公司决定,你的试用期是现在结束,我们决定正式录用你,恭喜!"

小海和小贝在最后一次夜班的表现得到了迥然不同的结果,选择坚持、选择善始善终就是选择了自己的未来。

"慎终如始,则无败事",一个人对自己正确的选择有毅力,并能始终如初、保持谨慎,那他做任何事情都会有一个满意的答案。善始善终是成功的必备素质,是需要有强烈责任心为保障的,拥有了它,你就会为上级所赏识,并从中得到更多晋升机会。

我们总会对自己的未来有形形色色的设想和计划。但没有坚定的信念、知难而退、选择了放弃、另寻出路的人永远不会成功,只会在用一生制订计划,而非执行计划。善始善终是一种责任,更是一种美好的品质,你值得拥有。

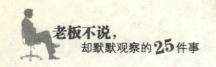

有责任、有担当，勇于承认错误

在压力与困难面前，我们可能会养成逃避责任的习惯，而事实上，越逃避就越躲不开。与其这样，不如迎头而上，品味成功的甘甜。我们应该避免逃避这种消极心态。

生活中，我们常听到"这不是我的错"、"本来不会这样的，都怪……"、"我又不是故意的"、"没人说这样不行啊"……这些言论大多来自逃避者的口，他们要用这些借口使自己暂时脱身。可是，逃避责任的人不是被他人踩在脚下，就是原地踏步、难成大事。

错误在所难免，但要勇于承担相应的责任，取得领导谅解。这样做一方面可以提高个人信誉，另一方面有助于自我完善。

小李和小赵同为一家快递公司打工，由于两人配合默契、工作认真，很受领导赏识。

一次，他们接了一笔大单，需要将一个价值不菲的贵重邮件送上飞机。意外的是，快到机场时，送货的车子突然熄火。小李很是气愤，责怪小赵没有检查好车子，担心会扣奖金。此时，小赵并未辩解，而是主动要求自己将货物背至目的地。

快到地方时，小李要求背邮件，并心想：如果客户能把这件事告诉老板，说不定有晋升的机会。谁知他的三心二意使得小赵在给他邮件时没接住，将邮件里的物品摔坏了。

可想而知，老板暴跳如雷。在去老板办公室的路上，小李找了个借口，绕路先到了办公室，并对老板说这都是小赵的错，老板平静地说："谢谢你，我知道了。"随后到的小赵在老板面前承认自己的错误，并愿意承担责任、弥补损失。

几天后，老板再次将二人叫到了办公室，并宣布让小赵接任客户部经理一职,而小李则被辞退。小李很是不解,并质问:"为什么把我辞退?都是小赵的错。"老板坦然地说:"客户把当天的情形都告诉我了,而你们当天的表现足以说明问题。"小李不但被辞退,还要承担相应的赔偿责任。

在职场中,我们应努力做到如下几点,以培养自己担当责任的精神:

1.不要置身事外

不要因为自己的职位低微而选择少承担,不要抱有领导职位高就应多担当的观念。如果你总是抱着多一事不如少一事的态度,对公司的事情视而不见、置身事外,那你对积极、进取就很难为上司发现,更重要的是只有当你主动为公司处理好事务、认真为公司消除隐患时,你才能是一位优秀的员工。

2.不要坐想事成

每个人都应通过自觉地努力和主动地行动来履行自己的责任,职责是我们应尽的义务、不要成为旁观者,不要等着奇迹出现。

3.不要逃避作决定

因为害怕承担责任,有些员工在工作中从不作任何的决定,就怕万一出现问题惹火上身,给自己带来不必要的损失。这种人是把工作当成自己谋生的手段,没有将自己置于公司的利益之中。其实,敢于作决定是对你自身价值的体现,是提升自己才华的机会。

4.不要将"不知道"挂在嘴边

自作聪明者,在工作出现糟糕局面时,喜欢用"不知道"3 个字做挡箭牌,以此来逃避责任。岂不知,责任是每个人必须面对的,一味地回避、推卸自己的责任,只会为以后埋下"祸根"。

5.不要急于为自己澄清

当面临工作的风险时,为了推卸责任,很多人喜欢为自己辩护,极力证明自己的清白,为自己开脱。其实,这种表现只会是掩耳盗铃,文过饰非、得不偿失。

6.不要为自己找替罪羊

因为承认错误、担负责任会与接受惩罚相联系,因此人们会产生恐惧心

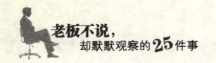
理，并由此产生将问题归罪于外界或者他人的想法。寻找各式各样的理由和借口来为自己开脱，但借口并不能掩盖已经出现的问题，不会让你把责任推掉，也不会缩小你要承担的责任。

公司兴亡，员工有责

双赢，是以"站在对方的立场上思考问题"为前提的，公司兴旺发展的同时，也实现了自己的梦想，何乐不为？

你有没有这样思考过薪水的定义：薪水是一种公司"购买"员工劳动时付出的价格。如果是这样，那么要满足顾客的需求，作为"产品"的我们还应该具备哪些价值？

关注顾客的需求才能提升自己的价值。要把自己作为"产品"，就要向推销员好好学习，一位优秀的销售员喜欢用问问题的方式来引起顾客的注意、满足顾客的购买欲。我们也要像优秀的销售员一样，知道老板最想"买"的是什么、最需要什么样的员工。而关键点就在于，帮助公司发展。从公司需求角度出发，我们可以从以下方向努力：为公司提供我们的创意；为公司搜集有用的信息、做好参谋者；为公司提供我们的能力和经验；为公司扩大影响力与知名度，等等。

商界有一条服务定律：在任何情况下，你都会得到与你对顾客所提供的服务价值相对等的报酬。也就是说，你不断地帮别人，就会得到别人对你的不断帮助。职场中的行为就适用这则"服务定律"。若能切切实实地以"服务定律"为指南，我们将赢得顾客——老板的心。当我们能帮助公司增加收入、提升其品质，也就促使他更有实力地让你提升产品的价值，我们也就因此而增加收入、提升生活品质、提高能力、事业更上一层楼。

员工有自己的梦想，公司有自己的目标。我们需要借助公司的帮助来实现目标和梦想；公司拥有员工，使其创造价值才能实现企业的发展。从自身来看，我们需要不断地保持清醒的头脑，关系公司的发展，使企业在市场经济浪潮下不断前行。那么怎样做才能真正是关注企业发展呢？

1.着眼本职工作

无论处于什么样的工作岗位、有什么样的工作环境和劳动程度，你的工作状况都会对公司形象、品质、发展产生影响。就拿清洁工来说，勤快的清洁工会使公司变得干净、整洁，为公司形象增添光彩。另外，善于垃圾分类，将清理出来的垃圾按成分的不同进行堆放，将旧货形式的商品出售、换钱，不仅节省了空间，而且还会带来一定的经济效益。一名清洁工在自己的岗位上认真工作，岗位虽然平凡，工作内容也比较简单，可是所作的贡献却不比其他岗位落后。

其实，任何岗位都是公司发展的支撑点，所有员工只要认认真真从本职工作做起，并做得出色，也就为公司的发展作出了有力贡献。

2.个人行为要规范

一支高素质的队伍，各个方面的表现都应该是优秀的，作为队伍中的员工，严格执行操作流程、遵守规章制度、语言文明高雅、服装整洁、礼貌待人等都是一支高素质队伍的具体表现。公司将拥有这样一支队伍作为目标，员工就要把自身的行为做到规范，虽然不易，但也要努力去做。

3.善于对公司的发展现状提出见解

一家公司不管规模大小、效益好坏，总是存在着这样或那样的问题。正所谓"金无足赤，人无完人"。问题存在于各个层面，我们不仅要从管理层中找问题去解决，更要善于发现基层反馈的问题。不要因为自己只是名普通员工而使公司决策层出现盲目性、片面性，以致造成公司的重大挫折。

真正的关心公司发展，就要通过各种形式将当前存在的问题及时反馈上去，无论是以短信、邮件还是面谈的形式。你的简单做法、举手之劳，可能会帮助公司改变不合理地方，在诠释自己是名优秀员工的同时，也为自己的发展创造了更好的环境。

你对本职工作是否热忱

　　成功在很大程度上取决于人的热忱。热忱可以借由分享来复制，老板们大多欣赏满腔热情工作的员工，热忱是一项分给别人之后反而会增加的资产。倘若你付出越多的热忱，就会收获更多。许多成功人士都认为由热忱带来的精神上的满足是对自己巨大的奖励。将自己的兴趣与工作结合起来、以雄厚的热情去工作、努力使自己与业绩最好者看齐……这些都是可以点燃你工作热忱的方式，如想进一步了解，不妨好好读读该章节里的内容。

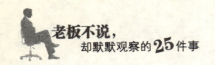
当你爱上自己的工作，才能把工作做得完美

　　你是否会觉得与同事相处是一种缘分，与顾客和合作伙伴见面是一种乐趣呢？当你真正的喜欢上了工作，爱上了它，就会发现其中充满了趣味与意义。

　　人们通常可以通过工作来学习更多知识、获得更多体验、获取更多经验。你投入在工作中的热情越多、决心越大，就会把工作当成一种乐趣，就会发现越来越多的人愿意聘请你来做你所喜欢的事，而非苦差事。不要把工作视为一种不得不做、单调乏味的事情，应该想方设法使之充满乐趣。用积极的态度投入工作，会使你更容易取得好成绩。试想每天工作的 8 小时是在快乐中遨游，那是多么划算的事情啊。

　　在这一点上，我们应该向艺术家学习，学习他们对艺术的热忱。如果你失去了热忱，鄙视、厌恶自己的工作，那只会形成恶性循环。因为，引导人们走向快乐的磁石，不是这种憎恶、烦闷的心情，而是真挚与乐观地投入。要想从平庸卑微的境况中解脱出来，从劳碌辛苦的感觉中解放出来，使厌恶的感觉烟消云散，就得有一个积极的态度。

　　一些在大公司工作的员工，虽然大多拥有渊博的知识，受过专业的训练，领着一份令人羡慕的薪水，然而他们并非快乐。因为，他们不喜欢与人交流，忍受着自己的孤独，他们不喜欢工作，将工作视为紧箍咒，认为工作是一种为了生存而不得不做出的事。更有甚者，会因为精神紧张等原因而未老先衰，得上胃溃疡、神经官能症等疾病。

　　换一种心态吧。学会在工作中找乐，学会转换自己的态度。因为，更换工作并不能解决日益增长的压力、日益紧张的情绪，也不会体会到工作带来的乐趣和满足感。

对于你的工作,如果已经从事了一段时间,你就不该再为为何选择这样的职业而产生抱怨。因为,如果不愿意,为什么干了这么多年?即使谈不上热爱,但至少可以忍受。

亨利·凯撒,这位拥有 10 亿美元以上资产的富翁,以自己的慷慨仁慈帮助了许多哑巴,使他们开口说话;帮助了许多跛者,使他们回到正常人的生活中;帮助过穷人,使他们享有医疗保障……而这一切都源于早年间母亲在他心里撒下的快乐种子。

他的母亲玛丽·凯撒在工作一天之后,总要花一段时间做义工,去帮助不幸的人们。她常常对儿子说:"我可以给你留下的最珍贵的礼物就是工作的快乐。"因此,凯撒从小便懂得对人的热爱和为他人服务的重要性,并认为能为人服务是人生中最有价值的事。

我们工作不仅是为了生存的需要,更是实现人生价值的需要。我们无法无所事事,以至终老,因此要将爱好与工作结合,在其中找到乐趣之所在。因为,当你热爱上自己的工作时,辛苦和单调就会淡然而去,而你体内充满的活力会使你精力充沛。

罗斯·金说过:工作会保证精神的健康;工作中的思考才会使它变成一件快乐之事。乐于工作能将这份喜悦传递给周围的人,使大家愿意接近自己,乐于与之共事。

任何时候都不要自甘堕落

环境的改变可能会使优秀的人陷入低谷,虽然在职场中如鱼得水是我们的梦想,但面对不如意时也不可从默默无闻而变得自甘堕落。

冷板凳,在任何情况下都是遭人厌恶的。但在现实中,谁都不可避免地暂时坐上这冷冰冰的凳子。但是,坐在冷板凳上的人,会因当时的心态而走

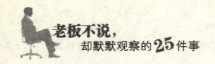

向不同的境遇。能有足够的耐心与能力、不沉沦，就会有迈向高峰的机会。正如巴顿将军所说："成功的考验并不是你在山顶时会做什么，而是你在谷底时能向上跳多高。"

职场中的"冷板凳"，并无一个标准的定义，但概括起来是指在职场中受到冷遇。下边是 3 种典型的冷板凳：

1.新入一个单位，主要干些打杂的工作，引不起领导和同事的关注，大家因此漠视你的存在。

2.处于不错的职位，但少有实质性的工作安排，或者干脆架空你的权力。

3.从领导降为普通员工，未安排新的工作，同事们对你也是敬而远之，甚至心存怜悯。

无论是什么样的冷板凳，在你处于低谷的时候，不要滋生怀疑、犹豫、盲目等心理，不要万念俱灰、悲观以对，这样只会使低谷期持续得更久。这时，应该给自己以积极的暗示，主动向同事学习、交流，要有破釜沉舟的勇气，才会有前进的动力，摆脱低谷。

晴青刚入职一家知名企业做销售部副职，正想摩拳擦掌、大显身手的时候，得知这次一共招了 4 个副经理，每个都是独当一面的人物。在各人递交了一份工作计划后，因为晴青的销售目标与经理不合拍，而被看做保守派，坐起了冷板凳。

郁闷中的晴青找来朋友诉苦，朋友劝解道："冷板凳坐得好，一方面你可以藏拙，另一方面可以利用这段时间了解企业文化、人事关系，从容备战。坐冷板凳没什么，只是别在没有做好充足准备的情况下仓促出场。"

晴青若有所悟，回家后便开始计划自己的"冷板凳"生涯：收起锋芒，做好手中小事，蓄积待发。同坐"冷板凳"的同事小雨因为境遇相似，所以常来找晴青抱怨。后来，晴青发现他除了埋怨、抵抗，将上下级关系搞僵以外，并无他事可做。晴青明白与这种不思进取、不识时务的人走得太近或是建立攻守联盟会"死"得很惨，于是果断地与他划清了界限。

事有转机，因为业绩未达标，经理被解职，而晴青却一炮走红。由于之前对公司上下已经摸了个门儿清,于是上任后她并未大刀阔斧地改革,而是放权给下属,让大家各司其长。大家都积极起来,心态也保持平和,她工作起来也就不那么累了,唯有小雨依然觉得自己为公司亏欠。考虑到集体的利益高于一切,晴青还是选择让他继续坐冷板凳。

人生不如意之事十之八九,只是我们要坚持自己的人生目标,在低谷时积极面对,敢于承受、敢于挑战,才能顺利闯关。

忘我地投入工作能创造奇迹

当我们被问及:"是否热爱你的工作?"可能大多数人会回答:"不!我早就感到厌倦了!"这可能是职场中频繁跳槽的一大原因。那我们该如何改变这种不稳定的状态呢?

工作常常被我们当做谋生的手段,而不是我们该倾注一生的事业。每天的上班下班成了一种模式,而非一种明确的奋斗目标。我们缺乏工作的激情,而这种激情恰恰来自于对工作的热爱。只有当你热爱它时,才会把它做到完美。

从事自己喜爱的工作是很多人的梦想,但现实中,我们却把它看成是一种负担。如果我们不能把工作看作是一种乐趣,享受它、珍爱它,那它只能是你肩上的担子。我们时常把热爱公司挂在嘴边,但是爱是需要行动的。不将自己的热爱付诸行动,提升自己的业绩、加强自己的危机感、使命感、责任感,只会是一句空谈,到头来自己什么都得不到。

一个职业素养高的人,会觉得自己正在担负着一份神圣的责任,充满着积极向上的工作态度,具有明确的个人目标。正因为如此,无论他在什么环境、什么岗位、什么地方工作,都会十分珍惜自己的岗位,都会恪尽职守、认认真真。这样的工作状态,也会使他感觉工作的轻松、愉快、自豪,并每天都

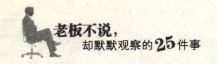

会以同样饱满的热情投入到工作中。他会将工作看成是自己施展才华的舞台，虽然在平凡的岗位上默默工作，却能散发出耀眼的光芒。

比尔·盖茨说："你可以不喜欢你的工作，但你必须热爱它。"当你不懂得热爱自己的工作，就难成事业上的成功。反之，你可能会有意想不到的收获、意想不到的成功。

如果你是团队中"滥竽充数"者，那么你很难获得同事和上司的好感。但如果你充满热情，你会因为对工作的执著而成为专家，也会成为羡慕的宠儿。

一个世界知名的工厂里有一个很特别的车间，因为从事最脏最累的活，所以被分配到这个车间的人，大多自认倒霉、浑浑噩噩，更别谈什么工作效率了。一天，公司总裁突然暗访这里，结果对此很不满意。正当总裁要离开时，发现厂房角落里的一名员工正吹着口哨，快乐地干活，充满着活力。总裁觉得有趣，就问他："你怎么这么快乐？"那名工人说："我热爱这份工作！"

总裁为之一振，向他投来了赞许的眼光。

这名小伙子怀着对工作的热爱，并把它作为一种信念而为自己的理想奋斗着。

其实，我们付出劳动的最高报酬不在于我们获得多少薪资，而在于我们因此会成为什么。智者不会仅为赚钱而劳作，他们是在从事一项快乐的事业，而这能使他们保持工作热情，创造比金钱更高尚的东西。

耻于落后，永远向业绩最好的同事看齐

在过去，你只要足够忠诚、肯卖力，就能得到一份工作。而今，唯有不断地学习、提高技能，才能不被淘汰出局。在你使自己增值的过程中就意味着会创造出更多的市场价值。因此，学习不止、成长不止，你才能立于不败之地。

学习是一种能力，是一种企业挑选人员的重要因素。因为，只有学习能力强的员工才能为企业持续不断地创造价值。有能力、有本领的人从不会为失业而担忧，他们对于暂时的"下岗"无所畏惧。

工作时间越长就会越感悟到学习的重要。而这种学习是多方面的，比如向周围的同事学习，每一位同事都极具特点，在他们身上有很多值得学习的地方，并且还能言传身教地告诉我们。

当然，专业的职业技能也是十分重要的。而这些也都是在不断地实践与学习过程中积累的。这种专业的技能往往通过以下方面有所体现：良好的时间管理能力、有效的沟通能力、高度的服务意识、善于分析和解决问题的能力、令客户满意的能力等。

莎莎和小丹受雇于同一家超级市场，开始时也都是从最底层做起。但小丹不久就被一再提升，直到升为部门经理。莎莎很是疑惑，于是向小丹请教。

小丹说："你去集市看看今天都有什么可卖的。"

莎莎很快从集市回来报告说："刚才有一个农夫拉了车土豆在卖。"

"有多少袋？"小丹问道。

莎莎于是返回查看后告之有 10 袋。

小丹问道："价格如何？"

莎莎又再次跑去。

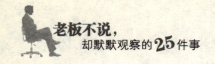
　　小丹叫住莎莎说："当我第一次让你去的时候，你就该有意识地全面了解集市中的情况，虽然你会不厌其烦为我后来的疑问来回奔走，但这只能表现出你的勤快，一个人的职位升迁是需要能力的。多看看别人怎么做，多学习学习。"莎莎若有所获得点点头。

　　故事告诉我们，职位升迁需要能力，而能力增长只能靠学习，要善于向比你优秀的人学习，要善于汲取他人好的方面，使自己不断完善，才会变得更加优秀。

你是否自发且不带功利性地执行工作

"欲得其中，必求其上；欲得其上，必求上上。"这是以进取的心态、精神热爱人生、对生活充满激情的表现。工作中，我们需要这种主动的创造力，才能使我们的人生价值在有限的生存空间里得以实现。在经济日益全球化大潮中，每个经济实体必须以增长效益为目标方可生存。要达到这个目标，只有拥有一群主动进取的员工才能实现。主动进取精神对于我们的工作具有举足轻重的作用，它关系到一个组织的存亡，影响着一名员工人生价值的实现。

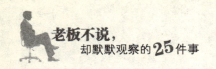

自动自发地工作，不做薪水的奴隶

我们得到薪水最主要的是为了生计，而工作给予我们充分发掘自己的潜能，发挥自己才干的机会。因此，简单的薪水并不是我们工作的真正目的，不要为了薪水而工作，成为薪水的奴隶。

一些年轻人，刚刚工作就会对自己的薪水有很高的期望，希望刚开始工作就会得到相当丰厚的报酬，而且还喜欢攀比工资，似乎工资是衡量一切的标准。实际上，初入行业的新手，由于缺乏工作经验，是无法委以重任的，薪水自然不可能很高。

对于薪水，它只是一种最直接的工作报偿方式，而且人生的追求也不仅仅是满足生存需要而已。我们要有更高层次的动力驱使，不要为这种短视的东西所麻痹。一个人如果只为薪水而工作，并不是一种好的人生选择，而且最终受害最深的也是自己。

工作的质量决定生活的质量。在工作中能尽心尽力、积极进取，使自己得到内心的平静，这往往是成功者与失败者之间的不同之处。想要取得成功，首先是不能沦为薪水的奴隶，要学会主动地工作，在没有任何人监督的情况下，也要自觉并出色地做好需要做的事情。在当下这个竞争异常激烈的时代，被动就意味着挨打，而主动就意味着优势。我们的事业、我们的人生不是上天安排的，也没有什么救世主，而是需要我们主动去争取的。

主动性在工作中是非常重要的。主动发现问题，并且自主解决、主动找事做；主动反省、经常检讨工作中的得失。在这个过程中，你的工作能力会不断加强，工作业绩也会不断提升。同时，工作经验的积累，也会使你对各种问题的处理变得得心应手。

用心工作的态度，不仅会为自己既定的工作目标积累雄厚的实力，而且会给公司创收,使老板的利益最大化。

里奥原本是以送水工被建筑队招聘进来的,但在工作中他并没有像其他人那样将水送到后就一面抱怨工资太少,一面躲在墙角抽烟。他会为大家倒水,并在工人休息时缠着他们讲解关于建筑的各项工作。

时间久了,他的勤学好问引起了建筑队长的注意。两周后,里奥成了一名统计员。在岗位中,他仍旧勤勤恳恳,总是第一个来,最后一个离开。因为他对打地基、垒砖、刷泥浆等业务都非常熟悉,队长不在时,有些工人就会向他咨询。

通过一段时间的观察,队长让里奥担任自己的助理。再后来,里奥晋升为公司的副总,没变的是他从不说闲话,也从不参加到任何纷争,而只是积极主动地工作。

里奥是个懂得主动争取的成功者,同时他也清楚地知道,争取要靠前期的努力学习。不要让自己阻挠自己的成功,成功的动力来自自己,而不是别人,而且其他人也不会成为阻碍你成功的主要因素的。

早起的鸟儿有虫吃

拿破仑曾将自己军队出色的表现归因为:比敌人早到5分钟。因为在这早到的5分钟里可以抢占到有利地形而获得胜利的筹码。职场也是一样,比别人早到一些,可以获得升职加薪的筹码。

早到5分钟,体现的不是一个时间问题,而是一种做人的学问。早到工作岗位,给你赢得提前做准备工作所需要的东西的时间,也为你赢得了更早进入工作状态的时间。比老板早到,会给他留下一个勤奋的好印象;比客户早到,会让客户更加信任你。

李勇毕业后在一家公司做业务员。虽然工作勤奋,整日奔波在客户之

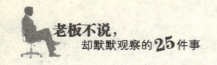
间，但业绩却差得可怜。反复思量后，他觉得该请教一下部门经理老赵，据说他只是初中毕业，却能当上这么大公司的业务经理，应该很有心得。

老赵觉得李勇是个勤快的年轻人，很合自己脾气，不多时，两人就混熟了。一天大清早，老赵就打电话给李勇让他到某单位直接去见客户。李勇匆忙穿衣出门，结果还是晚了5分钟，当时老赵和客户已经在楼下大厅候着了。

到了客户办公室，客户还是开心地对老赵说："我见过很多业务员，你是最体谅人的，从来不让我等！"一语惊醒梦中人，李勇恍然大悟，原来早到可以给他人带来一份难得的真诚。接下来，顺利签了合同。

工作完成后，老赵问李勇学到了什么，李勇说见识到了老赵谈判的睿智，也明白了早到的道理。老赵欣慰地问李勇："你如何能保证早到？"李勇老实地说得早出门。老赵笑道："你可以把见面的时间往后推一推！"

李勇听了，顿时有醍醐灌顶之感，一股敬佩之情也油然而生。一般来讲，谁都不愿意迟到，准时赶到是基本的礼貌，但我们总有这样或者那样状况的时候，使得我们不得不迟到。但是，如果稍微动动脑子，将时间往后约一约，自己就会轻松很多。

李勇学到这招后，总是将时间往后约一下，也因此在客户和朋友中间落得个提前到、言而有信和说话算话的好名声。渐渐地，李勇也成了老手，新进公司的员工也常向他讨教经验，他总是会说：早到5分钟！

故事里的早到5分钟给客户传递的是一种信赖，让客户感受到了一份真诚、一份尊敬。每个人都希望得到别人的重视与尊敬，你的早到就是在用行动告之对方你对工作的热忱和对他的尊敬，这样一来，信赖就会自然而生。

要把早到当成一种良好的工作习惯来培养，以每天能够早到为目标，把表调快5分钟，制定自己的时间管理表，且严格执行吧。

比老板想得多一点

　　"不要主动承担什么事"、"不要给自己找麻烦。"你是否会有这样的"各家自扫门前雪"的想法呢？只是谨慎地把分内的事情做好，并不会主动地为上司多分忧，又怎么会赢来更多的发展机会呢？

　　从眼前来看，多做分外的事情，并不会给我们带来额外的工资，还会招来一些爱出风头的闲言闲语。但从长远来看，这样做不仅可以给老板留下踏实、勤奋的好印象，而且有的时候还能帮助同事解决燃眉之急，从而获得好人缘。关键是在帮助别人的时候，自己的能力也得到了提高。

　　小黄和小白是刚进公司的两名大学生，不同的是小黄毕业于重点大学，而小白毕业于二类学校。起初，两人都被安排在工厂第一线接受锻炼。小黄自恃是名牌大学毕业的学生，本以为自己的工作应该是在办公桌前画画图、看看新闻什么的，而不是在工厂里安装、调试机器，这种又脏又累的活儿让他心理很不平衡。在这种心境下，他总是在上班的时间完成该完成的任务，从不管分外之事。

　　相反，小白却觉得一线是个锻炼的好机会，他虚心请教，很快跟工厂的师傅们打成一片。在完成本职的安装、调试工作后，还主动去流水线了解机械的性能，有时他还会帮机械维修师傅维修机器。就这样，他对工厂机器的设计、机构、性能很快有了了解，这对日后设计画图、安装调试机器都很有帮助。

　　不久，厂里扩大生产，淘汰一批旧设备，引进了一大批新设备，但设备安装完毕后却无法运转。当时，又正赶上厂家生产高峰期，工程师都被外派，最早也要一周后才能到厂做服务。但是，生产在即，如果真要停产，那损失不可估量。于是，小白主动请缨，厂长万般无奈之下，也只好答应让这位新手试试。小白凭着平日里跟师傅们学来的操作、维修机器的经验，不多时就摸索

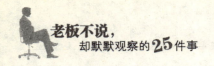

出了其中的缘由，并使机器开始运转，厂长很是高兴。

短暂的实习期很快就过去了，小白因为勤奋、好学和热情，很快被领导赏识而转正，并作为储备干部而派往国外学习培训。而小黄却还在车间调试、安装着机器。

善于在平时多做一点儿事，就是获得比别人多一次积累经验的机会。而在关键的时候你也才会有敢于承担的基础。但是，多做分外事也需要技巧，不要为满足自己的好胜心而抢别人的功劳，否则会物极必反，落个里外不是人。

李丹是个热心肠，哪有问题、有难处，他就往哪跑。一天，单位的饮水机坏了，大家都没有热水喝，李丹看大家抱怨的样子，立刻开始修理饮水机，并好心地将常年未清洗的机子好好地清洗了一遍。看着修好的饮水机，喝着热乎乎的开水，大家对李丹都很称赞。当然，李丹也因解决了大家的燃眉之急并受到夸奖而感到开心。此后，李丹更热情地为大家服务了，比如送快递、收传真、交水电费……他都乐此不疲。

可是，日子久了，李丹觉得原本热心帮忙的事似乎成了自己的分内事，同事们会因为饮水机脏了、邮件未按时送到而责怪他。李丹可真是叫苦不迭，后悔当初不该那么热心。

原本是帮助大伙的热心事，却变成了吃力不讨好的烦心事，这在多做和不做之间，我们应该好好把握一个度。

"分内"与"分外"应该有所区分。"分内"是我们必须也应该完成的；而"分外"是在时间允许且完成本职工作后，能尽量去多完成的事。但是，对于老板安排的"分外"的工作，万不可一概而论。要考虑老板的领导方式、安排工作时所处的环境，以及"分外事"的性质、目的等。做这些事的时候可以向领导要求适当的"名分"，如果不能满足，则要强调自己是临时的。当然，要注意工作方法、说话语气，要让其他同事了解自己这样做是为了公司，以便得到同事们的体谅。

分外之事，多做不吃亏

老板、领导没有安排的工作，就不要去做了。要是有这样的想法，可能会磨灭掉你的主观能动性，会使你的创新精神丧失。最终，可能会走向平庸、平淡、乏味的境地。

无论你处在什么样的职位，是高层管理者也好，是普通职员也罢，都不要局限于自己做分内的事。因为，抱着做点儿"分外事"的态度可能会让你从竞争中更快地脱颖而出。因为通过这些"分外事"领导、客户、委托人等都会更加关注你、依赖你，你也会因此获得更大的平台、更多的机会。

对于新人，不要计较工作是"分内"的还是"分外"的，许多前辈的经历都告诉我们多做一点儿事，会增加磨炼自己的机会，也会让老板看到自己是"好用"之人，增加自己的附加值，百利而无一害。

一件"分外事"能从各个方面锻炼一个人的能力，使你收获更多更丰富的知识，也会赢得同事的好感。虽然，我们会因为这种分外事使自己的工作量增加，而薪酬却没有变化，但这并不吃亏，因为这是迈向成功的第一步。

2005 年 7 月，刘超应聘到一家公司做企划员。刚开始他干劲十足，不分分内分外，让主管很高兴。于是，主管总是先让刘超做些案子，时间长了，刘超桌上的案子就多了起来。有的时候主管只是对策划文本稍做修改，便署上自己的名字，向总经理邀功。

刘超虽然知道主管的这种行为，却并未揭发，觉得吃点亏是福，毕竟自己的策划能力提高了不少。

一次，正当主管琢磨刘超的企划案时，总经理来了。主管便说："刘超的企划案有些问题，我正帮他看看。"总经理拿起文案，看了一下说："我觉得很不错，你要是有更好的，给我一份吧。"主管当时傻眼了。

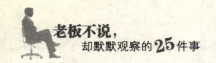

最终，刘超坐上了企划部主管的位子。刘超很感谢之前主管对他的呼来喝去、对他附加的种种工作。因为，分外工作的压力，使他的专业能力得到了充分发展，也最终为他赢来了取代主管的结果。

其实，可以把这些"分外事"当作是一种不交学费的职业训练班，只要你舍得花精力、花时间，把每一件"分外事"都做得圆满，那你一定能从这个班上收获很多有价值的东西。每一个成功者都不局限于做了自己分内的事，他们总是比别人期待的做得更多，如此才能取得更好的成绩。

你应该培养自己率先主动为别人做有益的分外事，这是一种珍贵的素养。它会影响你身边的人，也会使你自己变得更加敏捷而有激情。

不要让自己的分内事绊住了你前进的步伐，多做些分外的有益事，虽然占用了你的休息时间。但是，你会得到更多的价值、更好的名声、更多的赏识。

你的工作能力是否胜任本职工作

沟通能力、领导能力、创新能力、学习能力，这些都是个人能力范畴。在知识经济时代，学习能力是最重要的，不断地学习、不断地积累、知识不断更新才能跟上时代的步伐。每个人都持有这种混合物——能力。你可以通过职业培训、工作实践等获得严格意义上的业务能力、社交能力、协作能力……企业核心竞争力就是员工个人能力+企业和谐力。持续提升企业核心竞争力，是能够使企业在日益激烈的全球化市场竞争中屡战屡胜的关键因素。

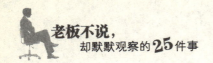

工作能力是升职加薪的敲门砖

> "天生我才必有用"。的确，在职场中，"才"即自己的专长、最佳的存
> 在价值，能为他人所用并发挥最大贡献是双赢之事。

一个人是否有适合的能力担任一个职位，就是我们通常所说的工作能力。在人力资源管理学上，像知识、技能及行为是否能够配合其工作都是涵盖在工作能力范围之内的。因此，判断一个人能否担任一个职位是有一组标准化的要求的，也就是我们的工作能力。

林风在一家房地产公司担任基层职员，他的主要工作内容就是研究地图、打电话给潜在有意向租用本公司建设的写字楼的客户。当他的顶头上司说想和他配合一起做这个工作时，他欣然同意。林风对当地的房地产情况十分熟悉，而上司则熟知各类租户的需求。两人配合得很顺畅，各施所长，去说服租户租用他们推销的大楼。

就这样，他们合作了很多年。后来，上司改行当了高级管理顾问，他介绍林风去了一家规模更大的房地产公司任职。林风深知：老上司很信任他，很放心让他去洽谈大生意。

身在职场，你要不断强化个人能力，否则就会阻碍自己的进步。并且，身在职场要相信自己的专长，并将其发挥成为自己的特长，从而获得上级赏识。下面有些小建议帮助大家提升自己的职场能力。

1.勇于面对并积极解决问题

我们在每天的工作中都会遇到这样或那样意想不到的问题，问题出现时要鼓起勇气、勇于面对。因为，问题始终存在，不会因逃避而灰飞烟灭，若是逃避，则是非常不明智的决定。

2.扩大工作认知范围

对于自己不熟悉的部门，有时间和机会就要主动去了解它们的工作性质、工作内容。多接触其他部门，不仅可以开阔视野，还能多认识些同事，扩大自己的人际网络。

3.保持良好的职场人际关系

工作表现要称职，职场关系也要处理好，因为具有和谐的工作关系才不会对你的工作前景造成不必要的影响。要学会尊重别人，待人接物也要礼貌大方。

职场具有多面性，要适应这种多层次、多角度，就要不断提升自己的能力，让自己变得开放些，多接触不同的有益事物，相信会对你的职业能力提升有帮助。

执行能力，只要领导想到的就能做到

一个好的目标、一份完善的策划、一个可行的方案，在这些前提下，需要的"东风"就是你的执行力了。执行力是一种能不折不扣地把工作任务落实到位的能力，你需要拥有。

要完成既定目标、完成上级交付的任务就必须具备强大的执行力。当你在接受一项任务时，就意味着做出了完成它的承诺，在这个时候你是否已经拥有完成它的执行力呢？

德国国家足球队向来以作风顽强著称，在世界杯的赛场上，很多对手都领教过这种威力。这种顽强的作风，在某种程度上就是德国队队员在贯彻教练的意图、完成自己所在的目标应该担负和完成的任务。这种非常的执行力使得他们即使在比分落后的时候也一如既往。或许他们有些死板、机械，缺乏创造力，不懂足球艺术。但作为足球运动员，作为团体中的一名，他们拥有完美的执行力，而这也使他们硕果累累。

无独有偶，在美国橄榄球运动史上有一位伟大的教练——锋士·隆巴第，他带领的美国绿湾橄榄球队是美国橄榄球史上一支传奇的队伍，因为他们创造了令人难以置信的成绩。

锋士·隆巴第曾这样说过：要求队员，我只有一件事，那就是胜利。如果没

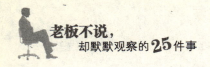
有破釜沉舟的决心，比赛就失去了意义。在任何时候都要非胜不可。

绿湾橄榄球队的队员们因此将胜利刻入脑海，并用自己完美的执行力去实现这种胜利。对他们而言，胜利就是目标，他们要奋勇向前、无所畏惧，不能退缩，也不能有任何借口。

这两个例子告诉我们，完美执行力的作用与魅力。无论你从事什么行业，干着什么工作，偶尔会有所疑问甚至抱怨，但必须不折不扣地去执行与落实所分派的任务。当然，执行也是要讲求效率的，如果你不立即执行，在这个瞬息万变的社会，很多机会就会稍纵即逝。

对于立即执行，我们需要将以下两点铭记于心：

1.今天是完成任务的最理想期限

任何时候都不要让整个计划因为你那部分的完成期限而延后。谨记工作期限，并清晰地明白，最理想的完成期限就是今天。在所有老板的心目中，总能在"今天"完成工作的员工会先于他人，其工作的质和量都高。

在商业环境的节奏正以令人眩目的速率快速运转着的今天，我们更要奉行"把工作完成在今天"的工作理念。为了生存，老板是100%的"心急"人，他们恨不能把一分钟分成两分钟使。因此，他们不愿白花时间来等你的工作，这比浪费金钱更令他们心痛，因为这可能造成整个计划的失败。

作为老板，是无法长期容忍办事拖沓的员工的。所以，要想在职场中一路顺风，就是要迎合、满足老板的愿望，就是要第一时间内处理掉手中的任务，让老板放心。今日事，今日毕。

2.没有无万事俱备的时候

"万事俱备"会降低你的出错率，但是会让你失去成功的机遇。总是"万事俱备"后再行动，那工作就没有开始的时候，因为"万事俱备"恐怕是"永远不可能做到的"的代名词。

你若立即进入工作状态，就会为自己没有浪费在"万事俱备"而感到庆幸。许多事情一旦延迟，去等待"万事俱备"的各项条件，不但加倍辛苦，获得成功的难度也会提升。正如一位画家在路上时，有了某种灵感，如果他当下迅速执笔,可能会有惊世之作。而如果他一定要等到回到画室,调好颜料、准备好画布……那灵感的火花早已模糊甚至消逝了。"万事俱备"会是你成为失败的俘虏,因为它会窃取你的宝贵时机。

你若希望自己能以"积极者"的形象茁壮成长,就要鞭策自己不要在万事俱备上耗磨。只有"立即行动",才能把你从"万事俱备"的中拯救出来。

公关能力是职场的必备武器

解决力并不是一个专业、高深的词汇,但却是我们立足社会所必须具备的能力之一。

问题会像每天都要宽衣解带、扣纽扣一样时常出现在我们面前。你每天的工作都免不了和各式各样的问题打交道,于是解决问题的能力就是你每天都在行使的权力。

众所周知,戴尔公司在个人电脑销售方面具有龙头老大的地位,而这种地位也不是浪得虚名的。

一次,住在某市偏僻胡同里的一位青年人想买一台戴尔电脑。因为,宣传册上说他们可以上门送货,且速度很快。于是,他拨通了戴尔的订购电话,想试试他们的服务速度和质量。

在随意地给戴尔公司打电话后,这位年轻人就去和朋友在家里玩牌了。大约一个小时后,门铃响了,是戴尔公司上门服务的销售员。

因为想试探一下戴尔公司员工服务态度到底如何,于是他态度生硬地说:"我正在玩牌,30分钟后再来接待你。"说完就把门给关上了。

销售员当即说了一声"对不起",转身走了。年轻人心想,戴尔的态度也不过如此。可没想到半个小时后,门铃又响了。刚才那位销售员又来了,一进门就说:"对不起,刚才打扰您了,不知道您现在是否有空?"

年轻人不由得有些感动,戴尔的销售员不仅没有对自己之前的态度恼火,

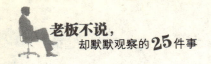

而且还进门就赔礼道歉。于是，他赞叹道："戴尔公司的服务质量和服务态度果然是名不虚传啊！"那位销售员应和道："是的，我们公司是绝对不允许任何伤害顾客的现象出现的。并且要求我们在每个环节、每个细节上都要认真对待。"

追求进步往往意味着你要涉足很多自己未知的领域、面对前所未有的新问题。而在自己不断地解决新问题的时候就扩充了自己的经验和知识，时间久了就会有所提高。因此，一个积极向上、追求进步的人，对于解决力的认识程度是很深刻的。

安于现状，就是从自己熟悉的领域获得安全感，如果你怀有这种态度，那你每天遇到的问题可能都是一样的，只是凭自己现有的经验与知识来轻松地解决问题。因为问题具有同一性，造成解决力也只是原地不前；因为总是处在自己熟悉的领域，导致自身不会有所发展。要知道，进步是与解决问题的数量与质量成正比的。

解决力也是有高低之分的，具有优异的问题解决能力的人总是会被企业以礼相迎。因为几乎所有的企业都欠缺具备优秀素质的人才。那么，该如何提高自己的解决力呢？

首先，要明确问题的所在，要知道"问题出在哪里？"就像我们生病去看医生，医生要明确症状，才能对症下药。

其次，当我们知道问题在哪后，还要探讨问题的本质，要具有"质疑能力"，要明确"什么才是问题？"

最后，就是要探究原因，要知道"为何会发生问题"。并且要设立"如果这样或那样做的话是否可以避免问题"的假设。假设成立之后，就要检证假设的正确与否。如果假设对解决问题无效，则要修正想法，另立新的假设。有时，当我们设立新的假设时，可能会出现新的问题，就需要再探讨新问题出现的原因，并设立能消除原因的假设。

总之，面对问题时，不要一蹴而就，想着立刻能探出究竟，只要依照上述流程一环环地去解开就好。当然，你也可以靠自我探索找到答案。但是，你是否具有良好的解决力，你是否成为可以解决企业发展中有关问题的人才，这是需要不断培养的。

你做事是否有分寸，
不触公司"雷区"

说话也是做事的态度和方式，要会说话、会做事，在职场中更要如此。否则，你就会触犯禁区、雷区，结果可想而知。审慎行事在工作中尤为必要，说话有分寸、做事有分寸、处世有分寸，这些都是职业者的基本素养。

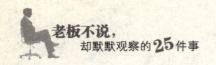
不要成为别人小心防范的小人

"君子慎言，祸从口出"，这是古时在宥人时的一种德行要求，这种要求一直适用至今。说话不先思考，容易失言，有时甚至会在无意中伤害了他人。正所谓说者无心，听者有意，职场中更是要谨慎。

我们平时与人交流，可能说十句，其中有九句是对的，也未必会有人称赞你，但是有一句话说错了，则可能会遭人指责，正所谓：十语九中未必称奇，一语不中则怒尤并集。因此，一个有修养的人宁肯保持寡言、不骄不躁，也不会自作聪明，喜形于色、溢于言表。

刚涉足职场，我们可能会因环境的变化、利益的关系而觉得人际关系的处理是很麻烦的事。我们常会好心办坏事，你的好心规劝可能会惹恼别人，处于引火烧身的境地。对于别人的错误、缺点，你要在深深了解他并且对方能接受的基础上，向他指出来，让他改正。不然，就会适得其反。"誉我则喜，毁我则怒"，本是人之常情。因此，我们不要毁誉加于人，但要能毁誉加于我。对于那种过分忠厚、不存戒心、逢人便是知己而把心里的话说出来的人，则终会被小人利用。

李闯为人忠厚老实、快言快语，他刚到一个单位工作时，就"针砭时弊"，对很多方面看不惯。平时，李闯和几个关系不错的同事讲，他们都是附和，或引开话题。没有不透风的墙，日子久了，李闯的这些牢骚、指责传到单位领导的耳朵中，他开始坐"冷板凳"，其他人也不再与他交往。这时，李闯才意识到祸已从口出，可水泼在地上，为时已晚。

与人交流时，人们都会心存戒心，会对别人的话仔细品味，同样一句话，对不同人、不同情况下说出，效果会有不同。

同事之间，几乎每天都要碰面，相处时间也较长，因此"讲错话"的机会就多了,如何拿捏分寸就成了人际沟通中不可忽视的一环。下面几个方面,希望对你有所帮助、启示。

1.工作场合莫谈"心事"

交谈富有人情味,能拉近彼此之间的距离。但调查显示,只有不到 1%的人能够严守秘密。在工作环境中,即使是失恋、婚外情等个人危机,也不要在办公室里"畅所欲言",使自己成为焦点。因为,同事的"友善"和"友谊"是两个概念,这样做可能会给老板造成问题员工的印象。

2.工作场合莫辩论

有些人,直言快语、盛气凌人,喜欢与人辩论,并且语不惊人死不休,一定要胜过别人才肯罢休。如果你在辩论方面很有才华,请不要将此项才华放在办公室内去发挥。否则,即使在口头上胜出,但你对对方造成的尊严损害,会让对方铭记在心,这可能会为日后的危机埋下隐患。

3.不要背后谈论

对于他人,我们可能会在背后耳语相言,这是种沟通不良的表现。领导对谁好?谁最吃得开?某某又有什么绯闻了等,这些闲言碎语在我们身边十分常见,但你千万不要成为"放话"的人,不管是有心还是无意,这种话语就像噪声一样,影响你与他人的工作情绪。

4.不要过分炫耀,以免遭人嫉恨

独自乐,与人同乐,孰乐?有些人正是"遵从"了这个说法,于是喜欢与同事共享他个人的快乐。比如争取到一位重要的客户,获得了更多的奖金等。这种得意忘形,可能会使他人眼睛发红,引来没必要的嫉妒。

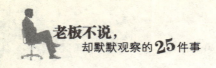

知人善言

懂得知人善言，是一种尊重对方、通畅交流的做法，而非讨好对方。用一种大家都能接受的方式交流，会让对方在一种舒适的环境中与你沟通，也才能很好地达成自己的目的。

"与智者言依于传，与博者言依于辩，与贵者言依于势，与富者言依于豪，与贫者言依于川，与勇者言依于敢，与愚者言依于锐。"这是战国时期鬼谷子的一段名言，他精辟地总结了与人交流的主要方法。这段话的意思是说：谈话者是聪明的人，就要见识广博；谈话者是见闻广博的人，就要辨析深刻；谈话者是地位高的人，就要态度轩昂；谈话者是财富之人，就要说话豪爽；谈话者是穷人，就要动之以情；谈话者是勇敢的人，就要稍显怯懦；谈话者是愚笨的人，就要锋芒毕露。

像这样用不同的态度和不同的人交际，才会适应对方的心理，在赢得对方好感的基础上谈话，才可能获得想要的东西。

在了解谈话人个性的前提下与他交流。如果对方喜欢婉转，那说话就尽量含蓄；如果对方崇尚学问，那谈话就最好深入；如果对方喜谈琐事，那就用浅显的方式与之交流。总之，与对方个性相符，容易达到一拍即合的效果。

根据对象的不同而采取不同的言语方式。不懂得"到什么山上唱什么歌"的道理，可能会引来说者无意、听者有心、于无形中给自己制造麻烦的恶果。不要将见风使舵、两面三刀、曲意奉承附加于这种"见文说文，见武说武"的行为中。

武则天是被唐高宗李治立为皇后的，而在立后事情上也是受到褚遂良、长孙无忌等元老大臣反对。一次，李治召见他们又商量此事，褚遂良仍旧态度坚决，并对皇上说："陛下立后之事是已下决心，做臣子的反对，势必招来死罪！但我既然受先帝的顾托，就要尽心辅佐陛下，现在也只有以死相谏了。"褚遂良由于当面争辩而遭李治的斥责。

当时李世也是顾命大臣之一，但他当日借口有病未去应招。

过了两天，李世单独谒见皇帝。他明白，反对皇帝是不行的，但是公然赞成，又会招来大臣议论。于是十分圆滑地说："这是陛下的家事，臣不必多问！"

此话既顺从了皇帝的心意，又使大臣们无话可说。史实告诉我们，武则天成为皇后以后，长孙无忌、褚遂良等人都遭到了迫害，唯有李世独善其身。

职场中，置身一个环境，必先搞清人际间的关系，搞清身边每个人的所好所忌，"对症下药"就很容易"药到病除"。

刚进公司时，对于上下关系可能不甚了解，那么就要通过语言、工作环境、摆放的物品等作为突破口，以便切入话题。

一次，急脾气的李好将新外套送洗衣店清理，但却发现衣服被熨了一个焦痕。而那家洗衣店在接活时就声明，对洗衣过程中造成的衣物损害概不负责。李好十分生气，于是面见洗衣店的老板。

进了办公室，李好就说："我刚买的衣服被你的员工熨坏了，我要求赔偿1000元。"

老板冷冷地说："单子上写着损坏概不负责，我们没有责任。"

李好觉得这样硬来不行，忽然间看到墙上挂着一支网球拍，于是心生一计，便说："您喜欢打网球啊？"

"嗯，这是我最喜欢的运动。"听到网球，老板顿时来了兴趣。

于是，两人开始大谈网球技法与心得。高兴之时，老板还起身给李好做起了示范动作。尽兴地谈了一阵之后，老板说："差点忘了！你那衣服的事……"李好客气地说："嗨，您给我上了堂网球课，就足够了。"

"一码归一码，衣服还是得赔。"老板坚持说。

以对方喜欢的事物与他交流，会更容易产生共鸣，也就使交流变得顺畅许多。让对方有种被承认的感觉，是一种尊重他人的表现，这也更方便你达成自己的目的。如果开始就信口开河，不顾对方，甚至东拉西扯，则只会造成对方反感，

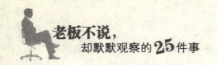

甚至厌烦，又怎么能达成一致的意见呢?知道辨别风向，才能掌好舵，这是交际中的技巧，要学会把握与运用。

不要急于解释

当受到上司和前辈的批评时，不要急于反驳，先耐心听完。如果在对方情绪较为激动的时候"据理力争"，那只会使情况更紧张，可能会得到领导愈发变本加厉的批评。

一般而言，即使我们确实有错，也不愿意受到上司和前辈的斥责，我们可能当时就一张脸立即垮下来;而如果并非自己的错，却无辜受到指责，恐怕都咽不下这口气。

很多人碰到这种情况的第一反应是暴跳如雷，第一时间极力为自己澄清、洗清"罪名"，以免让自己背黑锅。可能是遭受冤枉的心理，人在这时的情绪可能比平时更加强烈，甚至会和上司较劲。

林松在一家公司做了有些年头，称得上是前辈了，有一次他被主管劈头盖脸地痛骂一顿。当听着"怎会犯这种错误"、"都是老同志了，也只是在基层待着……"这些话语时，他突然重重拍了下桌子，开始回骂。

虽然后来主管知道错误并不在林松，但是吵翻的结果已然在那里了，无法挽回撕破脸的情境，主管也只能让林松走人了。

这种情况，其实是考验你会不会做人。故事中的林松大声指责主管，只会让领导下不来台，即使最后证明了他的无辜，但恶果也只能由他承担。如果，当时林松能一声不吭，受得住批评、忍得了委屈，有意给主管留好下台的台阶。那么，当主管发现自己误会时，一定会对他产生更好的印象，也会赞叹他的气度。

不要意气用事，要学会忍耐，当上司或前辈情绪比较激动时，你可以做一下深呼吸来使自己冷静。其实，当批评发生的时候，批评的一方(上司或前辈)可能已经预想你会反驳，因此有了对付你的反驳的心理准备。所以，聪明的做法是耐心听完，然后将该说的话说出来。

另外，当接受上级训斥后，最好是搜集相关资料，学会用数据说话。因为，这样可能比你空口驳斥要有力得多。而且，在客观的证据面前，上司和前辈也会对此事作出客观的分析和评价，也能够更加冷静地回应你。

要做个"会听"的人。通过"听"来了解对方的意图，深刻理解对方意思，并且在与别人谈话时，能表现出愿意与对方交谈的态度和诚意。这样做可以大大降低引起摩擦的几率。

开玩笑要注意对象

开玩笑，可能是一种幽默的表现，但也要注意对象。如果在领导面前不懂得把握开玩笑的分寸，就很可能招致领导的反感，如果冒犯了领导的尊严，那后果可能会不堪设想。

幽默是一个人的智慧、风格、心态和语言能力的体现，是人际关系的润滑剂。幽默虽然是个好东西，但实际应用中也要讲求技巧，也是一种学问。开玩笑要符合双方的身份，在与领导开玩笑的时候要懂得赞美他、尊重、抬高对方。玩笑的内容要是善意的、阳光的和积极的，这样的玩笑从你的嘴里说出会让人觉得中听。

王亮是某机关的行政人员，平时乐观开朗，喜欢开玩笑，说话随便，因此得罪了不少人。平日里觉得张主任很和蔼可亲，就开起了他的玩笑。一天，张主任穿了一套灰色的西装，王亮于是笑嘻嘻地说："主任，这是新衣服吧。您好像一只灰老鼠呀！"张主任听后很下不来台。

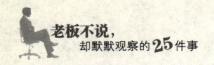

此后，王亮和主任沟通起来很是困难，工作也开展得不是很顺利了。

在这个案例中，王亮过火了，张主任毕竟是自己的上级，怎么也不能说成是形象猥琐的灰老鼠！这对张主任很不礼貌、很不尊重，况且这个玩笑还带有贬损之意。如果日后王亮不懂得反省，那他的职场之路肯定会越走越窄。

工作中的玩笑有时可以拉近和领导之间的关系，使我们和同事的关系更加融洽，但要把握好分寸，否则一则玩笑可能使我们不知不觉地陷入被动。

一天，郝成联系的一位客户要找他的领导签字。于是郝成把客户带到了领导办公室，待签完字以后，客户称赞领导的字写得好、很大气。可此时郝成却顺嘴说了一句："这可是领导暗地里练了 3 个月的成果！"顿时，气氛尴尬了起来。

此后，领导开始跟他找茬，一点儿小事就指责他，郝成觉得很委屈。后来知道问题就在他之前的那个玩笑时，很是懊悔。

由此可见，玩笑一旦开不好，听者就会难以接受，在领导面前尤其如此。事实上，在不是关系很密切的人面前开玩笑是很不受欢迎的，尤其是自己的领导就更要当心，因为过火的玩笑里包含了太多的领导认为是不尊敬和戏弄的成分。

你的工作效率高不高

　　一天才能完成而别人半天就能完成的工作；自己天天在忙碌，却没有任何成果，工作总是裹足不前。提高工作效率是一个刻不容缓的问题。但是，这需要个人进行体会、思考和交流。如果发现自己在工作中有降低工作效率的行为，那么就要及时改进。当你明确目标，当你学会珍惜时间，当你懂得今日事今日毕，当你学会提高执行力，当你合理谋划、有条不紊地工作时，就会发现提高工作效率还是有章可循、有法可依的。

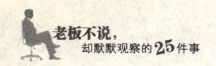

把工作做到无可挑剔

敷衍了事，只关心部分工作，这是你在工作中的做法吗？如果这样，那可是很不划算，因为这种顾此失彼的做法，会让你重新返工，也会因此浪费时间和精力。如果我们只满足于小修小补，而不是把工作做到位，结果就是导致工作的低效和资源的浪费。

第一次就把工作做得完美、无可挑剔，如果我们养成了这样的习惯，就会发现工作效率大大提高，做起事来也更得心应手。而且，这种第一次成功所带来的喜悦感，将激发你更好地前进。

夏某是某电视台的主持人，在其从事工作的 5 年内获得了多次大奖。夏某将自己这 5 年的出色表现总结为"把工作做到无可挑剔"。

夏某一直以来也是这么要求自己的，大学的时候，当别的同学都窝在温暖的被窝的时候，夏某早早地起床来到操场练习演讲；当别的同学吃饭的时候，夏某静静地坐在教室里学习；当别的同学逛夜市的时候，夏某则赶着去兼职公司工作。

虽然每天都很忙碌，可夏某却专心致志地做着这些事，并力求做到更好。她告诉自己，只有把工作做好、做到无可挑剔才会产生效果。

夏某第一次登台是在学校的晚会上，想到自己第一次登台，在几千名师生面前表演，难免会有些紧张。夏某坐在幕后深深地呼吸了口气，这时，夏某的辅导员来到夏某的身边，辅导员拉着夏某的手说："孩子，别那么紧张，放松点儿，你只需把这次表演当成平时的排练就行了。"

夏某当晚的表演很成功，赢得了热烈的掌声，顿时，一种自信、一种成功的感觉充满了全身。这次的经历更加坚定了她的实力，这也是夏某第一次在公众场合取得的成功。

之后无数次的登台表演，每次登台之前，夏某都会在心底告诉自己："相信自己，你一定能行的，有了第一次的成功，就会有第二次的成功，更会有无数的成功。"

正是这些无可挑剔、不断提高的"第一次成功"，才能积厚薄发，让夏某的工作事业日渐红火。

如果你对工作马马虎虎，不仅会给自己带来麻烦，而且会给同事甚至是上司带来工作上的不便。一个不断努力提高自身标准的人，一定是力争把工作做得完美，以求利人利己的人。

首先要自己做到完美，达到完美的标准，你并不是完美标准的制订者，因此不要一味地要求别人做得完美。只有自己先达到这个高度，并从中总结出规律、制订出标准之后，才会不断地超越这个标准，也就提高了标准的尺度。

没有人可以天生就将工作做得完美，这需要我们从一点一滴的小事做起，这是一个不断模仿和学习的过程。

有目标才有效率

明确目标才有效率，当一个人在目标明确的情况下，就自然知道自己该做什么、不该做什么。明确自己的人生规划、职业前途和目的，这样才能使我们摆脱为他人打工的被动局面。

查耳是某钢铁公司一名普通的工人，在他还是名小工时就暗下决心：我一定要做出成绩给老板看，总有一天我要进入公司高层。目前，我不去计较薪水，我要拼命工作，实现自我提升，让自己的工作价值远远超过我的薪水。

查耳每进入一个部门时，就以当中最优秀者作为自己的目标。他从不想入非非，总是要求自己按规矩办事，从不抱怨待遇的高低，也不会梦想机会某天会从天而降。他认为一个人在有远大志向和目标的同时，还需要努力奋

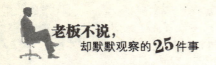
斗，尽力做到最好，这样才能实现梦想。

在工作中，他总是充满乐观，不管做什么都竭尽所能，因此他的每一次升迁都是自然而然。就这样，时光如梭，查耳终于在自己40岁时一跃登上了钢铁公司的总经理的位子。

在做每件事的时候，不要关心事情的大小，不要想着别人会怎么做，只要竭尽全力做到尽善尽美就是最好。当你养成这种习惯，你也就向成功迈进了一步。

理想是可以通过工作来实现的，只要你争做同事中的最好，基于这种想法，就需要为自己制定一个目标，并全身心地投入，使自己成为一名优秀的员工。

不断寻找能施展自己才能的公司是目前颇为流行的做法，因此，职场上"从一而终"的人也越来越少。有人说这时会审时度势。但是，无论我们选择哪家公司，都要服务于最初的梦想和目标。

以下给大家一些在工作中实现目标的建议，通过这些做法，相信会使你更加会工作，也就离自己的目标更近一步。

第一，认识自己。仔细的审视自己，问问自己："如果我是老板，我会雇用像我这样的员工吗？"

第二，积极参加培训。利用公司提供的各种相关的培训机会，选择参与那些对你的工作有帮助、对你的目标有作用的培训项目。同时，对一些具有交叉性的培训也要注意参加，因为这可能会促使你把自己磨炼成"复合型"人才。

第三，参加相关协会。参加协会，并努力成为协会的骨干。这不仅是可以小试牛刀、崭露头角的地方，而且还可以扩展人脉网络。

第四，思考。对自己目前的状态，5年、10年甚至更远的状态要有所思考。因为，这样可以帮助自己酝酿出如何"升级发挥"的计划。

第五，制作清单。目前参加了什么活动？具备哪方面技能？对自己现在的技艺评价如何？现在的特长会给自己带来那些机会？有哪些方面需要改进、提升？

　　第六,明确朋友的意义。多结识一些新朋友,但是需要注意,结交朋友是一个积累的过程,是一个扩大人脉关系的途径,而不以"这个人能为我做些什么"来结交。朋友是相互帮助的关系。

　　第七,多从事志愿者工作。参加志愿者活动会扩展你的人际网络,会让你拥有职业抱负之外的机会,也会提高你的社交技能。

　　第八,做一些不同寻常的事情。我们在工作中要善于思考,要有所发展和转变。对于一直没能做而又可能获得成功的事情,我们应该鼓起勇气,给自己一个发挥潜力的机会。

治疗你的拖延症

　　"拖延症"无论是在生活还是在工作中,都是拖拉人容易患的病。这样不仅会浪费时间,还会使你陷入无法完成任务的焦灼状态,同时还会破坏团队协作和人际关系。因此,当布置工作后,请理清思路,并制订出合理计划,尽快完成。

　　据调查,20%的人认为自己有拖拉的毛病, 这些人总是抱着"明日复明日"的态度来拖沓做事,但是"明日何其多"呢?

　　曾尚是某公司的小职员,平日里就喜欢拖拖拉拉,他总是被催促着完成某项工作。这样也使得他自己总是很被动,总是在"赶着"干活。曾尚对朋友说:"最近的工作让我觉得很疲惫,领导批评我拖拖拉拉。可是我总是到最后一刻才打起精神,因为事情拖得不能再拖了,就只能一鼓作气把活干完。就像昨晚,我是熬到半夜才把简报写完,其实那活儿简单,要是集中精神,不到两个小时就能做完。"朋友无奈地说:"你呀,就是性格懒散,又加上工作清闲,所以导致你总是拖拖拉拉。"

　　曾尚想想,说道:"也是。简报的活是领导周一安排给我的,可是那天开

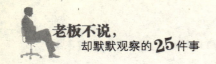
完会，我就想还有两天呢。结果到昨天，下班时才想起来第二天要交，就把它带回家了。到家后又想着每晚必看的电视剧没看完，做完那个简报也就两小时的事，于是打算看完再写。可是，电视剧结束时已是晚上11时了，等我坐到电脑前，已经是深夜了。于是，我用半个小时整理思路，再腾出一小时集中精神奋笔疾书，终于完成了这份两千字的简报。可把我给累坏了。"

朋友说："你也挺明白的，但是要把这种明白付诸于行动，集中精力，尽早把事情干完，自己轻松，也不会觉得很疲劳、辛苦。"曾尚听完点点头。

对于像曾尚这样患有"拖延症"的人，需要注意以下几种诱因：

1.容易颓废。当你接到一个太难的任务，可能会打退堂鼓，会觉得人家都不愿意做，凭什么我要做。拖一天，算一天，明天再做吧。其实，明天也不做，而是继续往后推。

2.追求完美。这本是一种达到一个很高的境界，一次做好的积极态度，但也不要陷入万事俱备的泥潭。否则，你会因为总是在等"俱备"而一拖再拖。

3.缺乏信心。认为工作做得好要靠运气，低估自己的能力，对工作没信心，这样只会使我们在做不好事的思考中消磨掉时间。

随着社会竞争日益激烈，我们每天要面对的任务会越来越具有挑战，也因此，我们难免会有拖延的表现。那么，对于各种类型的"拖延症"，我们该如何应对呢？

类型一：没有自信，怎么努力也不行。因为没有自信，做什么事都不顺。为了使自己从这种苦海中摆脱，也曾翻阅了不少有关书籍。不知道用什么方法能改变这种状况。

解决方法：不要被自己错误的想法封锁住，这只会使你在苦恼的边缘走不出。要摒弃错误的想法，首先是要自问：我是能完成任务的人，接下来要做的是先要处理那些事宜。同时，你可以通过别人出现的一些状况来做些假设，假设自己身处当时该怎么办。比如做报告的时候，因为某种原因没有带相关的报告稿件，那么就可以设想：如果我是个做报告的能手，应该首先做什么呢？如果考试取得了差成绩，如果我要向父母交代，应该先做什么事？对这些问题不需要深思熟虑,最好是直接实现第一个想法就可以了。

类型二:在接到某项任务时总是担心"这个我能做得来吗?要是完不成可怎么办?"时间在你想这些时就悄悄溜走了。

解决方法:此时,可以把过去失败的责任都推脱到别人身上,能让失败变成一种压力则更好。对于存在的问题,不要一切问题都自己扛,因为这会使你更加自卑。这样只会让你的自信心下降。用自我激励的方法促使自己完成任务。

类型三:在决定面前没有自信。犹豫不决是我们在要作抉择时的常有感觉,我们常会因为不确定是对的还是错的而烦恼。但是这种优柔寡断会使事情一拖再拖。这并不是因为我们懒惰,而是每次都不能付出行动,也因此,办事的效率不高。

解决方法:首先把心放空,在有限的时间内将事情考虑得尽量周全,按心意作个选择。谁都没有权利说对错,只要你足够坚持,就一定会有收获。

类型四:担心事情做得不够完美。一个完美主义者总是在追求完美之事,这是一种好的夙愿,但也要考虑效率。虽然接到任务以后想尽快完成,但是因为这种心理的作祟,我们可能会一拖再拖。总是把事情的结果定为成功或是失败,却因为担心做不好事而迟迟不敢付出行动。在出事的时候,喜欢推脱责任,即便和自己不相关。

解决方法:首先得明白这种"自找担心"是很消极的事情。任何事情不是在准备的时候就能完美的。事情总是会有一些偏差,或是说服力不太强的地方,真正的完美并不存在,只是需要我们追求。工作中并不存在特别完美的事,但一定别耽误什么事。

对于时间,我们要学会把握,要分析我们的时间使用情况,以便在合适的工作场所选择最有效的时间使用方法。

1.学会预测工作用时,并要用实践来检测是否有偏差。

2.对于当天的事情,要学会回顾,要分清急缓。

3.一天工作完成后,要重温日程安排,进而评价工作效率。

4.对于一天的行为要有所安排,以便采用相应的工作方法。

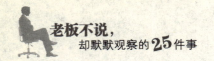
5.对于时间，要学会化整为零，最好以半小时为单位。

6.学会记录，烂笔头胜过好记忆。

7.对于每天的日程安排，要注意留些时间思考。

8.对于不必亲力亲为的事，可以分派给下属代劳。

9.棘手的任务，可以从小的部分着手。

立即行动，时刻提高执行力

言必行，行必果，在工作中这就是执行力的体现。言出就要实践，就要付诸行动，要把实质的计划转化为行动。行动是策略与结果之间的桥梁，执行力又是态度的核心，它是态度与毅力的结合与产生的结果。

在一个团队中，如果只有好的制度，但是缺乏良好的执行力，那么这个团队的实力会受很大影响。

一家企业破产后被一家日本财团收购。还留在厂里的员工都觉得新官上任三把火，日本人肯定会带来让人耳目一新的管理办法。但是，日方接手企业后继续维持原貌，没有改变制度，没有改变人，就连机器设备也没有变。只是，日本人要求把先前定的制度坚定不移地执行下去。时隔一年，这家企业重新获利，扭亏为盈。

其实，这家企业本身制订的规则制度是较为完善的，日本人正是看到了问题的实质：制度执行得不够，因此对症处理，扭转了局面。

在军队里，一支部队通常由3类人组成：帅——具有运筹帷幄、决胜千里之外，并要用宏观的眼光制定战略；将——独当一面而又善于带兵作战；兵——无条件地服从命令。其实，企业和军队一样，也是由这3部分人构成，那么作为员工，服从命令，并将命令很好地执行下去就是最应该做的事。

执行力虽然看似简单，但却在关键时刻决定着胜败。正因为如此，无论你承担着什么任务、处于什么职位,都需要无条件执行,唯有如此才能向成功迈进。在工作中切勿能拖就拖,如果我们今天设定了工作目标,那就要今日毕,否则拖到明天甚至后天,只会产生工作效率低下的结果,关键是浪费了时间。既然执行力如此重要,那么员工们该如何提高执行的能力呢?

首先,要有强烈的责任意识和进取精神。要坚决克服得过且过、不思进取的心态。将工作标准调到最高、工作的精神状态调到最佳,尽心尽力、勤勤恳恳、不折不扣地履行自己的职责。养成认真负责、追求卓越,避免消极应付、推卸责任。

其次,着眼于"快"、"早"。要有只争朝夕的干劲,要提高办事效率。抓紧时机、加快节奏、努力提高效率。要学会有效地进行时间管理,用时间把握工作进度,赶前不赶后,干净利落,做任何事都力争分秒,养成雷厉风行的良好习惯。

再次,要着眼于"实"。天下大事必作于细,要踏踏实实,树立实干作风,古今事业必成于实。虽然分工各有不同,岗位也有门类,但只要兢兢业业、埋头苦干,不好高骛远、不作风漂浮,就能干出一番事业,而非一事无成。

最后,要着眼于"新"。要有发展的眼光、开拓的精神,要有意识地不断改进工作方法。有改革,才有活力;有创新,才有发展。在变化日趋迅猛的今天,竞争也愈演愈烈,创新和应变能力已然成为一个企业的核心要素。我们要勤于学习、不断思考,敢于突破定势思维、传统的束缚,为不断寻求新的思路和方法而不断努力。

总之,执行力的提升也非一朝一夕能够取得,可是要有这方面的趋向力,要以"严、快、实、新"去要求自己,用心去做,成功就在眼前。

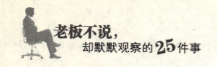

提高效率，首先要有计划

有些事物看上去似乎庞大得无处下手，于是你心生担忧。此时，只要你善于分解，有计划，在层层分解后，就会发现实现这个目标并不那么难。

提高工作效率，或许是我们每个工作者的追求。但是，我们却会因各种琐事、杂事而妨碍自己的步伐，看似忙忙碌碌，却不知道最应该做的事是什么。结果，落了个浪费时间和精力，却没有工作效率的结果。

要避免上述情况出现，就该制订工作计划，使工作不被琐碎而迷惑。无论做什么事情，仅有成功的目标是不能直接成功的。因此，我们需要一个详细的计划，把你目前需要完成的事情一步一步去完成。这样我们就会摆脱那种"瞎忙"的状态。

制订工作计划是个好主意，但是该如何进行？下面就和大家一起交流、分享一下。

第一，将每天的工作内容按照重要程度记录下来；

第二，对于列出的工作内容，完成一件划去一个；

第三，对于当日并没有完成的事项，要列入次日的表中。

另外，对于一天的计划表，要分清事件的轻重缓急。对于必须做的事放在首位，其次再列出应该做的事，最后是不急于一时的事。然后，评估各项工作所需的时间，对于各种工作，合理地将时间分配到相应工作中去。对于最重要的事情，需要让它占用你状况最好的时候。就这样，在制定好一天的时间规划后，可以延伸成一周、一个月。

这样一来，工作会变得轻松起来，因为有一个切实可行的计划在帮忙。对于有效的计划，所付出的时间投资是非常值得的，因为它会极大地降低我们的精力浪费率，同时提高工作效率。

　　另外,对于在工作中所需的资料或工具,事前即将一切所需都准备好,这样就方便即取即用。

　　此外就是要有"工具库"的观念。将自己的知识、经验、技能等转换成工具,这样就可以随时拿出运用,并可以进行重新组合,从而提高效率,增加成功几率。

　　要注意"资料"的随时更新与增删。需要保持自己永远掌握最新的讯息,善于将它们进行归类、整编,以掌握动向,迅速作出正确的思考判断。

　　某公司的部门经理杨光,很善于管理自己的工作。作为部门经理,每天要处理许多事情,可是她总能从容面对,知道该做什么、什么时候做。她总是携带一个工作本,本子里清楚地记录着自己每天的工作安排。同时,在月末,她还要抽出一定的时间思考、安排下个月的工作重点。

　　杨光总是先给自己找出一个目标,并依据这个目标制订相应的工作计划,再把制订的月目标分解到一个周,再分解到每一天。

　　当然,能够在公司内外寻求一群具备不同专业技能与职位的良师,会对你有极大的帮助。这不仅有助于知识、技能的提高,也有助于人脉网络的建立。

　　最后,要消除一种可能产生的误解,工作计划并非是给自己施压,是为了让自己明确该做的事。因为,对于大量的工作,难免"丢三落四",使自己陷入无序的状况。那么,养成事前制订计划的习惯,你会看到计划的威力。

第 12 件事

你的职场情商是否够高

作为新人，微笑、少说多做、虚心、礼貌总没有错。身在江湖，要懂得江湖规矩，工作不要太计较薪资，应该时刻抱着学习的心态，这样才会有光明的未来。当你拥有了正确的工作观，就会懂得如何发现别人的优点并加以学习，观察别人的缺点也会让你受用无穷的。这样才能逐步提高自己的职场情商。

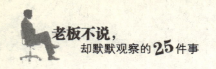

你熟悉职场的"游戏规则"吗

职场是一个有纪津的团体，每个团体都有自己的规则。在职场中生存，必须遵守职场规则，否则，会有职场受挫的危机。

任何地方都有规则，职场也是一样，所以我们要了解，并要很好地服从，避免违背，以免被辞退。

职场规则一：服从并且尊重上级

上下级之分，就是为了保证一个团队或组织工作的正常开展。作为上级，更多的是从团队或组织的整体考虑问题，这样一来很难兼顾到每一个。当一个项目需要启动时，领导是需要掌握一定的资源和权力的。那么，作为下属，在资源允许的情况下，要努力配合上级共同完成所在团体赋予的工作任务。因此，下级尊敬和服从上级就成为完成目标的重要条件。而员工如果不能站在团队或组织的角度思考问题，只是从自我出发，以自己的角度去思考工作问题，就会不停地给上级制造麻烦。更有恃才傲物者还会对上级横挑鼻子竖挑眼，且不听从安排。这样的员工要想得到发展，要想在一个团队或组织里生存，就会是件难事。

林立是位喜欢穿着打扮的姑娘，长得不错，家境也好，还是艺术类专业毕业，可想其品位也不低。但是她所在的主管是位高龄"剩女"，属于女强人类型。并且，经常告诫属下不要把大好的青春浪费在浮华的表面，不要在办公室谈论口红的颜色和裙子的长短等。因此，林立与主管很不对味。林立是个很有个性的人，不肯改变自己的行事风格，同样"强势"的她还试图想改变主管的形象。就这样，林立与主管的关系紧张，每次考核，林立总是最低。面对这样的情景，林立只能主动请辞。

职场规则二：碰到困难及时沟通

学会主动地与上级沟通，特别是你的工作暂时还不能达到要求，通过沟通可以使上级了解你的工作进度以及努力方向。

在实际工作中，有时我们的工作是需要时间的积累，才能让别人看到显著成绩。如果是这样，千万不要和你的上级距离太远，要尽量主动地创造条件和机会去和他进行沟通。这样才会使领导了解你是在努力工作，以及你的工作进度和计划还有取得的成绩。一般情况下，这样的做法不会引来上级的责备，甚至还会利用他所掌握的资源给你提供必要的建议和帮助。这样一来也会加快你的工作进度，提高你的工作成绩。

实际工作中，不论是新人还是老人可能都会因为没有做出成绩而不愿去和上司沟通。总是觉得自己没有做出成绩，如何去面对领导，又很没有面子，因此对上级采取敬而远之的态度。可是，有没有想过这样做的风险，本身没有做出成绩，上级可能就会对你不太满意，如果不沟通，可能会对你的工作能力产生怀疑。因为，他不了解你的工作状况和进度，有时还会觉得你并没有努力工作。日子久了，你就可能进入被淘汰的目标名单。其实，在公司进行"换血"的时候并不全是那些工作成绩最差的，往往是那些缺乏主动找上级沟通的员工会占很大比例。或许你会觉得自己被淘汰的原因就在于上级不公正、上级喜欢拉帮结派、玩弄权术等。这种想法并不全面，应多从自身找原因，因为这些主观因素对于日后不再被淘汰更有价值。

职场规则三：以合理的程序去抗议不合理的决定

对于团队或组织的决定，虽然不一定合理，但是要通过合适的途径去反馈并要考虑给上级留出一定时间。为了工作的正常开展，可以按照办事流程对决议提出合理的建议。

既然团队或组织依照一定程序作出的决定，则是有一定的权威性和强制力的。那么，在保证团队或组织正常运转的方面是很有必要的，这种决议往往具有全局性。因此，当我们被告知后，首先是换位思考，从团队或组织的整体学习、理解、把握决议。如果对大的方向有促进作用，那就要坚决服从。

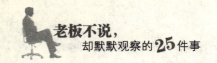

即便是决定存在不合理、不尽完善的地方也要选择正常的程序和方式提出。需要注意的是，当这些决定没有触犯法规时，作为员工要无条件服从。不要用一种消极的态度去接受新的决议，否则受伤的就只会是自己。

职场规则四：不要鼓动同事公开与公司对抗

对带头闹事的员工，无论是任何团队或组织都会"杀无赦"。当你的行动影响到组织的正常运转，甚至触碰法律时，其结果都是可怕的。

受到委屈甚至不公平的待遇在每个员工身上都可能发生，此时要选择通过一定的程序和方式提出。有的时候也可以去相关的执法部门寻求帮助，千万不要采取煽动闹事的方式或是公然对抗的方式去解决问题。作为一个团队或组织，对这样的行径是绝对不能容忍的，因此先处理鼓动者，你可能会因此而被辞退，严重者甚至会面临法律的惩戒。

职场规则五：及时反馈临时性工作

我们有时会被安排做一些临时性的工作，大多非常紧急和重要，因此如果能够完成，最好不要推托。同时，不管上级是否要求有反馈，你都要及时进行反馈，千万别抛到九霄之外。否则，上司可能会因此而不相信你，你也会因此丧失很多日后的潜在机会。

宋冰是一家公司的销售主管，有一次，公司给辖区内的一个市场送货时，发生了车祸，很多货物因此受到很大损坏，经销商拒绝接货。随即，宋冰告诉负责该市场的业务代表，要求他马上赶到现场处理此事，并随时保持联系。

可是那个代表一直未与他联系，直到深夜，由于手机关机，还是无法联系。送货的司机无奈之下只得把产品全部给拉回了工厂。第二天，才知道那位代表当晚和朋友喝酒喝多了，把这件事给忘了。

可想而知，这位代表最终被解雇，并受到经济赔付的惩罚。

如果接到任务后，没有能力完成，要及时向领导提出，这样领导可以重新调配人员，不致耽误工作。

职场规则六：成就上级从而成就自己

　　工作使大家走到了一起,因此你与同事、与上司是一种合作关系。处理好上下级关系,对于职场中人十分重要,特别是上级手中所掌握的资源和影响力对于作为下属的你来讲是至关重要的。

　　职业分析师们对能够快速发展的人群进行研究、分析发现:这些人都善于和上级进行合作。通常他们会去分担上级的工作,并能够保证自己本职的工作。主动为上级去排忧解难,日子久了,上级自然会把更多的锻炼机会提供给他们,或是给予他们更多的培养。同时,这些人通过与上司的接触,会得到领导的真经传授,并且逐步熟悉上级的工作内容和技巧。有了这些条件,他们自然能快速发展。

职场规则七:不要在同事面前说上级坏话

　　同事之间既有合作也有竞争,因此在自己有牢骚发或想讲上级坏话时,一定要学会控制,不要当着同事的面,哪怕你们平时称兄道弟。有时候你逞一时口头之快,却可能被他人把这些话传到你的上级耳朵里,甚至被人添油加醋。如果这样,你会很被动,如果使上级大为恼火,那你只能离开。

职场规则八:不要表现得过于完美

　　桐心是一位平面设计师,时常会遇到难缠的客户,当他提交给他们稿件时,会因为他的设计而使他们灵感泉涌,要求自然也就多了起来。刚刚开始时,桐心总是费尽心思,想一再满足客户需求,他力求做到完美。这样一来,工作没了止境,工作没了效率。

　　"众女嫉余之蛾眉兮,谣诼谓余以善淫",人们追求完美是很好的趋向,但是要是完美主义者,那就要学会暴露些无关痛痒的缺点,否则你会使同事、领导觉得对他们构成威胁。

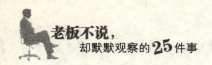

了解自己的软肋

人无完人，每个人都有缺点。缺点不重要，重要的是要了解自己、找到软肋并且去改正，这样的你才是完美的职场达人。

人无完人，生活中可能会存在这样的人：一个不懂得维系人际关系、人缘不好的人，无论是在什么单位都是如此，不会因为换了新单位而有所变化；或是由于职业倦怠，则会常常跳槽，差不多半年一跳，在每次与他人见面时都会递上自己的新名片；或是因为犯错被迫跳槽，因为职场圈子就这么大，名声和声誉是不会因为跳槽而改变的。

那么，你的软肋又在哪里呢？先做个小测试吧。

如果你在一家餐馆兼职打工，对于老板的无理要求，你会勉强接受哪一个？

A.你要求打扮成性感兔女郎当跑堂

B.你要求去负责所有清洁工作

C.你要求去陪色狼老板加班，并且就你一人

D.你被其他员工吆来喝去

选 A：你的软肋可能是过分露骨地拍马屁。

多说几句好听的话，老板开心，其他人也开心，这在你看来可能并没什么。而且，你还认为赞美人是自己的强项。但实际上，你拍马屁的时候，也许能获得老板一时的高兴，但是会遭到同事对你太狗腿、太没品的评价。拍马屁是很有学问的事情，要能做到"润物细无声"才是高手。

选 B：你的软肋可能是太不敏感。

对办公室里的风吹草动、异样气味，你对其察觉得较迟缓，这并非是指你工作不仔细，而是说你敏感度过低。过分地沉浸在简单快乐中，可能有助于你保持良好的工作心态和工作状态。但是，防人之心不可无，不要被人暗

算了还不知觉。

选 C：你的软肋是情绪控制力。

直来直去、有事儿说事儿、黑白分明可能是你的特点。对于自己看不惯的事绝不低头，甚至是有损大局的情况。你的存在会让身边的人很是头痛，会觉得你是颗地雷。太过认真会使得对同事间的玩笑你也不能淡然处之，有时还会给当事人造成很大的尴尬。

选 D：你的软肋是太自我。

你智能过人，反应迅速，但对于能力低、反应比较慢的人，你往往不太理解也不太能够容忍。如果你教导某人做某事超过 3 次，就可能会对对方发火。并且，当你一旦对某人的能力产生质疑和厌恶时，你会对人不对事。男性比较容易有这种性格，他们往往言行强硬、不留情面，在他人眼里是个极其自负的人。攻击性过强、不懂得绕道，这些都会影响你的职业生涯。

要正视、积极地解决个人发展危机才是正道。首先，要敢于承认问题，并要突破自信心与行动力。要知道，绊脚石是绕不开的，我们该做的是想办法搬开它，只要心怀坦然。污点怎么都擦不掉，但我们也无须过多担忧，因为人生可以改写。每个人都有自己的职场软肋，可是态度决定一切，正是失误会给你带来转机。

不做职场"揩油"族

虽然贪小便宜是人性中的弱点，但小便宜不要沾，应该在不断提高自我素质的基础上尽力克服。职场上，有不少人已经大富大贵还是改不了这样的习惯，那就不是经济问题，而是一种不健康的癖好了。

生活中、工作中揩油的现象并不少见。你会发现其他同事快递私人物品，或接受不当财物，抑或是虚报差旅费用等等。对于主动索要好处的客户

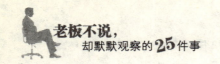
该如何应对？你所在的公司是否有这方面的监督处罚机制？

晨曦是个大二的学生，在一次实习的时候，单位安排去一个五星级酒店参加会议。晨曦看到酒店里柔软洁白、无限量供应的卷筒纸，还有做工精细的牙刷、水杯、拖鞋时，不禁迅速将这些小东西塞进了自己的包里，当时一种占小便宜的快感充斥着他的心头。

后来在职场中拼杀了10余年，他已经成为金领，于是像一次性牙具、肥皂、棉签等小东西早已不会再偷偷拿走。但是当同事们再提及新人们干这样的事时，他心里还是很汗颜。

后来，晨曦发现所在办公楼里的卫生间的卷纸消耗速度惊人。通过向保洁员打听后得知，很多拿着高薪的白领竟会吝惜自己的卫生纸，而动了拿单位卫生间卷纸的念头。晨曦心想，即使在白领扎堆的地方，揩油的事情也是不少呢。

陈浩是某电视台的主持人，出场费很高，年收入达七八十万元，开着名车、穿着名牌，可是却有爱揩油的习惯。对于赞助商提供的服装，她总能找出各种借口据为己有，而并不事后立即归还。有时，她还会向人家开口，例如看上了某品牌的最新款，她多会向赞助商、客户等暗示，表露出无限向往的样子，希望对方能够埋单。因为她形象不错，有时会因为这种美女名人效应而得逞，这样就更加增强了"揩油"的信心。

现实生活中，无论是私人企业还是国有企业，都会存在揩油现象，在"大家拿"的氛围中，是能耐大的"拿"得多，能耐小的"拿"得少。办公室里，不免有用公网看电视、上网聊天、查询股票行情的行为，因为"揩"公家的"油"绝不手软。

产生这种"揩油"现象，主要原因是员工的工资低。有些员工，税后扣了众多项目后，月工资可能也只够糊口的。如果不"揩点油"，那生活水平就会很差，于是在出差报销时多报点儿，在买办公用品时给自己留点儿……

岗位不同，"揩油"的油水不同。像采集部门的质检岗位，在原材料入库前，都要经过这个岗位的人员的验收，想找毛病，在鸡蛋里挑骨头还是件简单的事。供货商被退几次货后，就知道该提供些油水给相关人员。或是请吃饭、或是请游玩、或是送东西等等。利用职权免费吃喝玩乐,这样的"揩油"成为了这些部门的特殊"福利"。

　　在某些岗位,这种揩油已然成为潜规则,如果所在公司缺乏有效的监督机制,那么合同上的承诺也不过是空谈。可是,凡是要有个度,做人也得有人品,切莫因小失大,毁掉自己的职业前程。

你是否有锐意创新的精神

在职场内，敢创新、有创意是一项市场竞争力，不少企业正在走向创意工作的模式，因此，作为员工的你也要适应这种需求。如何培养职场的创新力呢？一般人对于新生事物会有或多或少的不熟悉的恐惧感。虽然今日的办公室内人人都说欢迎变革，但是要改变自己并非易事。适应了目前企业的状况，习惯了舒适圈的环境，就很难突破自己、难有创新力。所以，你首先要做的是要有勇气突破自己。这是创新的第一步，善于打破固有思维，才能有创新的念头。

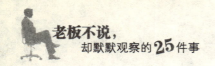
敢于突破常规

人们在长期的社会实践和生活中会形成对某事物过去时的常规认知，这就是习惯。在人类的发展长河中，有优良传统习惯，我们应该借鉴或继承；也有历史经验的局限性，并具有阻碍事业的发展和影响自身创造力的，需要突破的。

当你和他人分吃苹果时，可能会习惯性地将果蒂和果柄为点竖着落刀，但你是否考虑将它横放在桌上，拦腰切开？这样切下来的苹果，可能会清晰发现有个五角形图案在苹果核处。看到这个五角形图案，可能会使多年来一直采用第一种方法切苹果的人感到"发现了新大陆"。其实，这仅仅是换了种切法罢了。

理性地扬弃"习惯"会使我们有更大的视野，会是我们创新的开始。当你善于对某些"常规"、"习惯"提出质疑、给予否定、求同存异时，就会离创新靠得更近。那些故步自封、因循守旧的观念只会使我们"安于故习"地自我陶醉，这使我们总是跟在他人之后亦步亦趋。甚至有的时候，还会对新发明、新创造不符合"常规"、"习惯"而指指点点。

宋智是一座停车场的电信技工，干这行也有 5 年光景了。一天早上，调车场的线路突然发生事故，使现场变得混乱。

因为时间较早，主管的领导还没来上班，以他的职位，当时并没有"当通行受阻时，须马上处理引起的混乱"的权力。倘若，擅自发出命令，有被开除甚至是进监狱的后果。

在场的另一位同事说："别自惹麻烦。"但是，宋智并不是平庸之辈，他没有当旁观者，而是勇敢地下了一道命令，并在文件上签了上级的名字。同时，把线路整理得同从来没有发生过事故一般，并及时向上级作了汇报。

后来,在办公会上,主管将当天的情况报告给了总裁,总裁立即调他到总公司,并连升数级,委以重任。当有同事问他的感受时,他说:"在岗位中,如果你做了分外的事,而且战果辉煌,那你就获得了破格提升的机会。"

工作中,我们会碰到很多"铁腕"领导,他们会让员工们因为崇拜而磨灭了自己的见识。所谓"智者千虑,必有一失;愚者千虑,必有一得",如果对于决议有问题,并分析、推断如果这样处理可能会产生严重后果,那就要鼓足勇气提出来。

如果你抓不到机会,就可能穷尽毕生努力也得不到上级的赏识。但是,如果抓住了机会,那么在同事和领导面前就可以把自己的能力和价值展现出来。特别是那些人们在回忆时,想到了你当时的英明之举。

对于问题,经过深思熟虑并且有理有据,看准了就说,切莫碍于面子而避而不答。如果你总是觉得"我说出来大家会难堪的",那么只能说明你并不是一个很有作为的人。

学无止境,不断学习新知识、新技能

自然界的动物们从出生时起就开始不断学习,因为它们懂得生活在一个充满竞争的自然界中,不学习就会被淘汰。身为职场中人的我们,也要通过不断地学习提高自己的生存能力。

在这个信息社会中,知识量巨大,让人眼花缭乱、应接不暇;发展变化迅速,很多的知识和技术都只有暂时性的意义,日新月异可能是我们听到很多的词了。这使得我们自身的知识、技能等资本的折旧速度加快。

在知识经济中,个人的学习能力往往决定着我们获取知识的多少。从这个角度来说,未来社会中的"文盲"并非不识字的人,而是不会学习的人。

在竞争中,实力和能力的较量越发激烈,如果不去学习、不去提高自己

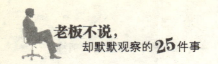

的能力，就会处于落后的境地。不要因为自己的不学习，不提高自己能力，而去抱怨公司、老板没有慧眼识英才的本事。问题在于你自己，如果没有养成学习的习惯，不去提高自己，如何能让上级重视你、青睐你呢？

想要在较为满意的工作中"站住脚"，是非常困难的事情。如果你还不能不断地学习、提高自己，即使你是公司的"三朝元老"，即使你是博士、博士后，但如果不能应付自己的工作，不能为公司创造价值，也会被老板扫地出门。

不断学习、不断地汲取知识才能在激烈竞争中胜出，在工作中我们需要新的技能来支持你的自身发展。那么，这里谈到的创新性学习就是较好的学习模式，值得大家借鉴。

要想带来变化、更新就要能够重组和重新提出问题并进行创新性学习。这些对于自身在急剧变革的社会中能够提前做好准备，它既可以解决个人问题，还是解决社会问题的重要手段。

预期性和参与性是创新性学习的关键。两者紧密相关、相辅相成，人们通过预期促进事物发展的连续性，同时，用参与创造空间或地域的连续性。

自主性和整体性是创新性学习的基本追求目标。学习者会通过创新学习而使自己能够自力更生和摆脱依赖的独立，自主起来，并且在介入更广阔的人际关系与他人合作中，使自己能够从大系统的整体中去理解所处环境和接触到的事物。

当下是一个知识与科技发展一日千里的时代，我们只有通过不断学习来充实自己，才能不断成长，才能维护自己在职场中不败的地位。

众所周知，惠普公司董事长兼首席执行官卡莉·费奥瑞纳是"全球第一女CEO"。而她的职业生涯是从秘书开始做起的，她是如何一步步走向成功，在男性主宰的权力世界中鹤立鸡群的呢？秘诀就是不断地在工作中学习。

卡莉·费奥瑞纳在法律、历史、哲学等领域都有所涉足，但是惠普是一家以技术创新而领先的公司，可是她并不是技术出身。因此，她不断地学习相关知识。在她看来，CEO成功的最基本要素就是不断学习，就是在工作中不断总结过去的经验、提高工作效率来应对环境的新变化。

卡莉·费奥瑞纳开始时的职位低微,但在工作中,她从自己的兴趣出发,找到了适合自己的岗位。因为兴趣与工作很好地结合,使得她能最大限度地在工作中学习新的知识和经验。同时,惠普有鼓励员工学习的机制,"公司会周期性地让大家坐在一起,相互交流、沟通整个公司的动态和业内动向。正是在这些学习中,使得我们能够与时代保持同步,在工作中不断产生更新的好办法。"她说。

成功需要不断积累经验、不断学习。

工作中提高自己的实际能力,需要我们不懈地学习,不论在职业生涯的哪个阶段,学习的步伐都不能停止。为了能够更好地工作,我们需要努力学习,做好自我监督,不要落在时代的后头。作为一个员工,自有知识是所在公司的最有价值的宝库。

但是,不要脱离现在的工作来学习。其实,我们在工作实践中就可以学到很多有价值的东西。如果你善于学习,随时都可以在身边发现值得学习的东西。如果你以实际的工作为目的,并且还从工作中学习,就会获得最有用的、最适合你职业的学习内容。

我们之前的学习过程,是一个较为单纯的一次性"充足电",而在工作岗位中,利用所学服务于公司、岗位,则是处于"放电"的过程,那么,你必须不停地为自己"充电",不断地丰富自己的知识,提高自己的能力。

对于"久经沙场"的 30 岁或者 40 岁的职场中人,或许目前已经成绩斐然。但是,随着健康走下坡路,你可能会出现这些表现:1.觉得自己越来越力不从心,所学知识不够用;2.提出的建议、看法缺乏创新性;3.对于有挑战性的工作觉得有些不能胜任;4.对于新事物接受较差,感到无知;5.与新进人员的思维、思路很难达成一致。

对于以上这些表现,如果你能对应上 1~2 条或是更多,那么就意味着你前进的路上已经亮起了红灯,对于自身的知识储备和工作能力你已经开始出现走下坡路的迹象,这个时候不是需要增加承受压力和困难的能力,而是需要自己给自己充电、补给养分的时候。

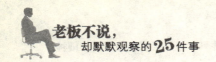

有机构通过统计招聘网站上用户的调查问卷，得知将近有 70% 的人将"充电、学习、提高能力"作为新年最大的心愿和计划。在问及除了工作以外，最想做的一件事是什么？近乎有 55% 的人还是选择了"充电学习，提高能力"。

从这两个方面可以看出，在一定意义上，不断地充电学习，已经成为现代职场人的生活方式。因此，有人认为，如果说个人充电行为在前几年只是一部分，那么现在已经成为一种终身行为。

每位员工都要从工作需要出发，找准最佳组合点、最适合自己的充电途径，实现充电的最佳效益，才能驰骋职场、决胜商场。

缜密观察，创新源于发现

有些人总抱怨自己找不到创新的机会，那是因为他们不会从细小处着手。

一些不起眼的细节，往往会激发创新的灵感，从而能够让一件简单的事物有超常规的突破。我们的产品或服务的最终享用者是客户，在任何情况下都要十分重视客户的意见，从客户出发，换位思考，客户头脑中的想法常常能够成为我们改进产品或服务的创意来源，我们就能收获许多平时想不到的创见。石油大王洛克菲勒的成功是从思考如何节省一滴小小的焊接剂开始的。

洛克菲勒毕业后在一家石油公司工作。由于他学历不高，也没有什么技术，因此，老板只能安排他做一些相对简单的工作，那就是查看生产线上的石油罐盖是否自动焊接封好。洛克菲勒每天所做的工作就是注视一道工序：装满石油的桶罐通过传送带输送至旋转台上，焊接剂从上方自动滴下，沿着盖子滴转一圈，作业就算结束，油罐下线入库。

每天从清晨到黄昏，要过目几百罐石油，也不是件轻松的事。一周时间过去了，洛克菲勒就对这种单调的工作厌烦至极。他觉得如果自己一辈子做这样的工作，无疑是浪费生命。他想过改行，却又找不到别的工作，只好坚持下去。他开始想自己是否可以找点儿事做。

有一天，他看着不断旋转的罐子发呆，突然有一个想法闪过脑海：这些罐子旋转一周，焊接剂都是滴落 39 滴，有没有什么办法使焊接剂减少几滴呢？这样可以为公司节省不少成本呢。他开始思考，眼前这简单至极的工作中是否有什么地方可以改进。就这样，他开始寻找节省焊接剂的办法，在一番试验之后，他终于研制出 37 滴型焊接机，但是美中不足的是：该机焊出来的石油罐偶尔会漏油，质量缺乏保障。他的出发点原本是要节省石油，如今却又浪费了石油，这显然是得不偿失的。他没有灰心，开始思考如何改进方案，研制出更好的焊接机。

最终，他研制出了 38 滴型焊接机。公司对他的新发明非常满意，老板说，他简直没有想到一个做着如此简单工作的人能想出这么好的方法，真是一个奇迹。不久公司便生产出这种机器，采用的就是洛克菲勒的焊接方式。

洛克菲勒发明的新机器虽然只是节省了 1 滴焊接剂，但是这滴焊接剂每年为公司节省的开支却有 5 亿美元。

职场就像战场，没有定律，只要你有一双善于发现的眼睛，不断开拓，取得领导的信任，很多新的工作领域就可以扩展。这就是很多企业之间，相同的职能部门往往做的事情大相径庭的原因。

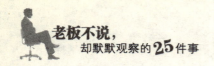
灵活变通，打开创新之门

创新不是被动行为，而应成为每个人的主动追求，做到"整天想着去发现"。要创新，就要求我们主动地去思考、去想办法。只有这样才能洞察创新的时机、把握创新的机遇，同时还要勇于提出问题。提出一个问题，便打开了一个思路。因为问题是创新的先导。企业家们经常讲，发现问题是水平，解决问题是能力。所以，我们要树立这样一种理念，善于质疑、善于提出问题，这本身就打开了创新之门。

创新思维就是不受常规和现成的思想约束，寻求对问题全新的、独特的解答方法的思维过程。在日常工作中，技术上的改进、小小的发明创造就是创新。服务观念的更新、服务项目的改变、千方百计满足客户的不同消费需求也是创新。

争做一名创新型员工，就要善于用新思维、新方法去解决工作中遇到的新情况、新问题，从而提高工作效率，提升服务质量。事实上，创新空间存在于每个地方、每个人、每件事上，凡是做出优异成绩的人，无不是创新的体现。

一天，一家建筑公司的经理突然收到一份账单，账单上所列的东西不是任何建筑器材，而是两只小白鼠。总经理不由心生疑惑：公司买两只小白鼠干什么？他有些生气，找到那个买小白鼠的员工询问："你觉得小白鼠很好玩是吗？你为公司买两只小白鼠到底要做什么？"

员工并不急于为自己辩解，而是问了经理一个问题："上周我们公司去修的那所房子，电线都安好了吗？""安好了。"经理没好气地说，"你问这个干嘛？快说你买白鼠的原因。"

员工回答道："我们要把电线穿过一根10米长但直径只有25厘米的管

道,而且管道砌在砖石里,并且拐4个弯。当时,小赵和小邓了很大劲儿把电线往里穿,却怎么也穿不进去。后来我想了一个好主意,到一个宠物店买来两只小白鼠,一公一母。然后把一根线绑在公鼠身上并把它放到管子的一端。另一名工作人员则把那只母鼠放到管子的另一端,并且逗它'吱吱'叫。当公鼠听到母鼠的叫声时,便会顺着管子跑去救它。公鼠顺着管子跑,身后的那根线也被拖着跑。我把电线拴在线上,小公鼠就拉着线和电线穿过了整个管道。"

经理听了恍然大悟,惊喜万分,他想不到这个员工原来这么聪明。从此,这个员工就成了经理身边的红人,一直被老板重用。

同样一件事,小赵和小邓想尽办法没能解决,而这名员工却想办法轻而易举地把问题解决了。原因何在呢,那是因为他懂得用非常规的方法去解决一件用常规的方法无法解决的难题,要懂得巧干,而不是蛮干。成功的秘诀很简单,就在于善于开动脑筋去想办法,用智慧去解决问题。

巧干是指在工作中懂得挖掘技巧、灵活解决问题的工作方法,它是一种解决问题和发明创造的能力,是一个人敏锐机智、灵活精明的反映,也是充满活力、随机应变的表现。

一个知名企业的老总时常这样对员工说:"我们的工作,并不是要你耗费体力、耗费时间去拼命,而是要你带着大脑去工作,要巧干,而不是蛮干。"这就是说,一个优秀员工应该勤于思考、善于动脑,分析问题和解决问题,找出巧妙的解决办法,而不是一味出蛮力,事倍功半。不论工作有多么繁忙,也要腾出时间来思考,找出最为省力有效的解决方案。

你在工作中是否乐于帮助同事

快餐式的生活节奏让很多人都忽视了朋友的情谊,忽视了同事间的协作。古语有云:"得人者上,得人力者上上,得人心者更上。"不管你是一个什么样的人,孤独一人打拼天下是不可行的,不要吝啬你的帮助,多向朋友、同事伸出援助之手吧。当然,帮助也是有技巧的,不要使你的帮助成为他人的负担,要懂得以正确、合适的态度提供帮助。让被帮助者乐于接受,也使得你自己不致陷入尴尬的境地。

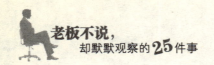
锦上添花容易，雪中送炭难

> 雪中送炭往往会给人们带来特殊的好感，但是，能够把握好这样的
> 危机时刻，并能够救人于水火也并不是善良的你可以时时提供的，有的
> 时候还会因为帮人不当而给对方带来不必要的麻烦。

当我们帮助他人时，我们是以援助方的身份出现。这时候要懂得给予应
该是及时、平等、急需和适度的。要明白当我们为对方提供帮助后，其产生的
效果好坏并不完全取决于给予数量的多少，也不会与此成正比。有的时候，
也会因为雪中送炭的事情多做了而产生画蛇添足的结果，那就得不偿失了。

从人的内心而言，送给快要饿死的人一个馒头、送给富贵之人一笔财产，
都会是完全不同的感受。建立在不同需求层次上的满意程度是各有差异的，人
的内心就是这样，当我们陷入窘境需要别人帮助时，恰巧得到了就会产生不禁
的感激，甚至是终生不忘。

三国时有这么一个故事，江郎才子周瑜在三国争霸之前并不得意，他在袁
术手下当过官，那时仅仅是一个小小的居巢长，差不多和小县长的级别相当。

在他管辖的地区，当年发生了饥荒，又因连年作战，粮食问题日趋严峻
起来。当时的百姓因为缺粮，甚至开始以树皮、草根等为食。在这种情形下，
军队饿得失去了战斗力，很多百姓也被活活饿死。作为父母官的周瑜，对于
此情此景很是焦急，可是却不知如何是好。

这是，周瑜手下的一个人前来献计，说附近有个叫鲁肃的士绅十分乐善
好施，因为家境宽裕，所以应该囤积了不少粮食，可以向他借些粮草。

闻得此计，周瑜立刻带人登门拜访鲁肃，经过一段寒暄后，周瑜就直接
说："小弟此次造访，是想向大哥借点儿粮食。"

在寒暄中，鲁肃已然感到周瑜丰神俊朗，是个才子，日后必成大器。于

是,他爽朗地对周瑜说:"此乃区区小事,我答应就是。"于是,便亲自带周瑜去查看粮仓,共给予周瑜 6000 担粮食。取完粮食后,鲁肃还痛快地对周瑜说:"也别提什么借不借的,我家有两个粮仓,我把其中一个送与你好了。"对于鲁肃的慷慨大方,周瑜并未想到,要知道,饥馑之年的粮食可是能救命的啊!因为鲁肃的大气和慷慨的言行使周瑜颇为感动,也正因为此,两人从此结为了很好的朋友。

后来周瑜成了吴国孙权手下的大将,地位显赫,因为记挂着当年鲁肃的恩德,于是向孙权推荐了鲁肃。鲁肃的才能有了施展的平台,也做出了不小的事业。

人们对于雪中送炭有着特殊的情怀,正像故事中周瑜对于鲁肃的感情。在周瑜陷入困境时,鲁肃并未因为当时周瑜位低权小而拒绝帮助,而是慧眼识英,从而为后来自己的事业发展奠定了很好的基础。

当然,我们在给予对方帮助时也要把握好分寸、尺度,不要给人带来不便。如果你对人恩情过重,就会使对方自卑甚至心存厌恶,因为对于你的重恩他无法给予回报,也因为你的重恩会使对方感到自己的能力较低。在经济学里讲究边际曲线,其实在予人帮助中也同样适用,其原因在于人的满意程度是边际递减的。下面的这个例子可能便于我们理解这个道理:

情人节的前两个月,一位有心的意大利心理学家在两对成长背景、年龄阶段和交往过程都大体相同的恋人当中,做了一个送玫瑰花的实验。

心理学家让其中一对恋人中的男孩在每个周末向自己心爱的伴侣送去一束红玫瑰;而另一对恋人中的男孩平时不送,只在情人节当天给自己心爱的姑娘送去一束红玫瑰。

因为两个男孩的送花频率和时机不尽相同,所以产生了截然不同的效果。

那位在每个周末都会收到玫瑰花的女孩儿,表现得相当平静。虽然,她没有大的不满,但是还是有些怨言:"别的女孩儿都收到自己男友送的大把'蓝色妖姬'呢,这可比普通的红玫瑰漂亮得多,好羡慕呀!"

而那位只有在过节时收到玫瑰花的姑娘,当男朋友捧着一束玫瑰花在

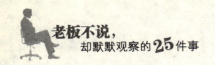
情人节送给她时，她表现出十分的甜蜜，因为她感受到被呵护、被关爱，于是竟然旁若无人、欣喜若狂地与男友紧紧相拥。

为了不影响两对恋人的感情，心理学家在得到实验结果后向二位做了解释，以消除因为实验而带来的不利影响。与此同时还向他们讲述了下边这个实验。

同一个人，当他右手举着 300 克砝码，左手放着 305 克的砝码时，他并不能感受到有多少差别，而当他左手砝码的重量增加至 306 克时，他才会感到左手稍重一些了。但是，如果右手举着 600 克砝码，而左手必须达到 612 克时，他才能感觉到更重。也就是说，最开始右手砝码越重，左手就必须承担更大的重量，才能使人感觉到差别。由此可以推出这样的结论，一个人的感觉与原来的基础密切相关，这在心理学上叫做贝勃定律。

通过以上这两个事例，给我们很大的启示。在我们给予对方时，应该了解给予应该是平等、及时、急需和适度的。否则，可能会事与愿违、得不偿失。我们是要尽量多做雪中送炭的事情，同时也尽量避免做画蛇添足的事情，这样才能建立和维护好你的"人情账户"。

赞美也是一门艺术

事业成功的因素很多，其中人际关系就是非常关键的一条。你的一句真诚的、发自内心的赞美对于同事来说，可能会是一个十分友好相处的开始，也使你在事业走向成功的道路上畅通无阻。

在工作中，要知道赞美不仅仅是一种现象，而且是一门学问、一种艺术。有时候一句赞美之辞不仅会有返老还童之奇迹，还可能起到起死回生之效。无论是伟人还是普通老百姓；无论是年轻人还是老者，都希望能够得到别人的赞美。马克·吐温曾经说过："一句精彩的赞辞可以代替我 10 天的口粮。"

身边的人中,你可能会发现有些人经常善意地赞美别人,而有些人却总是不讨人喜欢,更有甚者是到处树敌。在与人相处时,不要随意指责批评、百般挑剔他人,这样只会制造矛盾,与人有意过不去。正所谓"快刀割体伤易合,恶语伤人恨难消",自以为是、出言不逊到头来只会是自食苦果。我们要严以责己,宽以待人,处处与人为善,时不时地送上真诚的赞美之词,这样才会建立起和睦相处的环境。如果你想成为一个受欢迎的人,那就先从衷心地赞美他人开始吧。

我们可能有过这样的经验,理发师在给人刮胡子之前总是先在其脸上涂肥皂沫,这样做可以很好地降低被刮者的痛感。1896 年,竞选总统的麦金利就使用同样的方法而收到异曲同工的效果。

共和党中的一位知名人士写了篇竞选的演讲稿,并自认为非常出色。于是,他很慷慨地将这份激昂的稿子给麦金利朗读了一遍。其实,这个演讲虽然具备一些优点,但是在公开场合发表可能会引来非议甚至陷入批评的漩涡。一方面不能伤了他的自尊,一方面又不想抹杀他高涨的热情,于是麦金利说:"你的演讲非常出色,我的朋友。在我看来,没人能准备出比这更精彩的演讲了。但在现在这个特殊的情况下要使用它得三思,如果在其他情况它再适合不过了。在你的演讲中,听到更多的仿佛是为自己,而我们必须考虑它会给全党带来什么效果。所以,现在你要根据我的需要重新撰写,然后发送给我。"

听完这段话,那个人马上修正了这篇文章,后来他成为竞选活动中十分有利的发言人。

世界上最具震撼力的营养品,从某种意义上讲可能是赞美。赞美别人,有时候是用一把火把别人的生活照亮,同时也照亮了自己的心田。赞美有助于推动彼此友谊的健康发展,也有助于消除人际间的龃龉和怨恨。

宋真宗手下有两位得力的大臣:王旦是个为人襟怀坦荡的人,而寇准却是一个喜欢指责别人的人。寇准因为为宋朝立下汗马功劳又看不惯王旦,于是一有机会就在宋真宗面前说王旦的不是。而王旦并未记恨,而是经常称赞寇准,这使得寇准十分惭愧,后来他与王旦言归于好。因为王旦的宽广胸怀

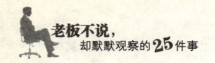
和高尚品德，宋真宗更加佩服和器重他了。

对于领导者来说，是用赞美来对待属下，还是用批评指责来管理员工所产生的效果是截然不同的。没有哪位员工愿意在刻薄甚至恶毒的指责下认真工作，更别谈什么乐于奉献了。相反，在善意的赞美中，反而能够更加激发他们的工作热情和奉献精神。

形形和莉莉是大学的同班同学，毕业后分别去了 A、B 两家公司工作。毕业时，两人的专业水平和各方面的才能都不相上下，只是形形遇到的领导赵经理脾气很差，经常是稍有错误就批评她："怎么这么笨，连这种小事都做不好。"甚至还以开除相威胁，并指责道："要是下次再犯这样的错误，我就开除你。"并且对职员的优点熟视无睹。一次，一位客户送来一块样品，要求染出同一颜色的包装线来。形形拿到样品后，就很快看出这种颜色需要 5 种色来拼，于是她立即开出配方，打出校样。正如所料，校样的颜色与样品基本一样，于是车间内开始按这个配方进行生产。可是，形形忘记了告诉执行车间的主任染色时，压力一定控制在两个大气压以上。结果工人为了省时，在压力升到 1.5 个大气压时就关机了，可想而知出来的线略浅于样品。幸运的是，客户对此也没有过分地挑剔，主要是他们对形形校样的技术熟练程度非常满意。可是，那位赵经理对此不依不饶，大动肝火，不仅当众大声呵斥形形："幸亏客户没有退货，你就不能小心点儿？说了多少次了！这次是客户不追究，否则一定开除你。"形形对此也懊恼不已。经历这件事后，形形经常为自己的一些小毛病而自责，甚至有些自暴自弃。

莉莉的情况刚好相反，她虽然时常犯些错误，但是老板却并没有很严厉地批评过她，而是经常赞美她能干、肯吃苦。莉莉为了报答老板的知遇之恩，于是更加努力地工作，因为从事的是推销工作，她有时要一天跑上五六家单位。经过她的努力，公司库内积压了一年的产品都被她推销出去了。

两种不同的方式，造成了两个不同的结局。过分地批评是一种愚蠢的做法，只会引起职工的抵触情绪，甚至跳槽，如果是一名优秀的员工，只会给企业带来效益上的损失。

3年前，小宋以一名机电工程师的身份来到了深圳一家大型家电企业。

刚进公司，小宋热情高涨，总是一副很卖力工作的样子。但是，一年以后他就觉得不是滋味，干得不痛快，他也说不出到底是怎么回事。是福利待遇不好？是工资报酬不理想吗？这里的工资待遇与各种福利条件在同行业都算是高水平的。

原来工作一年后小宋发现，无论自己怎么卖力工作，厂领导都没有重视过他。这种感觉似乎是，拿了高的工资，住了好房子，就该好好工作。还有就是公司十分注重生产、质量等硬件因素，对于员工这种软因素的关注很少。不幸的是，小宋的领导是个喜欢挑毛病、找问题的人，想从他那里听到什么赞美的话可真是不易。

后来，小宋在工作中结识了一家乡镇企业的老板。这位老板为人诚恳，对小宋的技术水平、工作态度都是很认可、很赞许的，于是想请小宋去自己的公司干。

虽然这家厂子没有那家企业大，而且各项待遇也相差不多。可是，小宋还是决定辞去现有工作，去了这家乡镇企业。

在这个小厂子工作的一年里，小宋特别受器重，并且他越干越有劲。老板经常热情地赞美小宋如何帮助整个厂子改善质量、如何节约成本。同时，还对他热情肯干、工作认真的态度十分赞赏。

一年来，老板都带着感激的口吻赞美他，从来没有批评和指责过小宋什么。有时碰到问题时，也总想听听小宋的建议，征求一下他的想法。

"士为知己者'用'"。小宋的故事清楚地告诉我们，当一位员工认为自己遇到了百年知音，就一定会发自内心地为公司效命。并且，在这样的情况下工作，心情也一定是非常畅快的。与此相反，小宋在那家大企业工作时，慢慢地丧失了工作的热情，原因之一就是领导不懂得运用赞美。

每个人都希望得到别人的器重，因此，赞美能使一个人焕发出巨大的自觉力。人们总希望引起别人的注意，可能有人不愿意承认这一点。试想想，你是否希望有人听你讲话？你是否希望被别人认可？你是否希望得到别人的羡

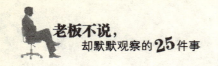

慕、欣赏？这些都是在你心中燃烧着的欲望，都是渴望能够满足的。

需要指出的是，赞美不是忽悠，它需要真诚。要"以事实为依据"，而不是虚构；要以发自内心的情感为基础，而不是虚情假意。只有这样，受赞者才会感到自己更为重要，你也才会收到赞美要达到的效果。

重视长远，天下没有"速食"友情

人与人之间的交往应当本着感情至上、真诚相待、互助为本的原则，并且要在互动之中加深彼此之间的喜爱和吸引。这样才能达到心与心的距离缩小、灵魂得以净化、心灵得到沟通的高境界。

对于 10 年前的一次朋友帮忙，你是否还会记得？可能你早已忘记帮助你的人名了，也有可能你还记得后来你也礼节性地帮助过他一次。如果是这样，那你可能已经丧失了很多朋友。在如今这个激烈竞争的社会，人际交往之中的人情味，已然随着时代的浪潮而日益变得淡薄，取而代之的是相互利用，并且用后即扔的世态炎凉的冷漠。很显然，这不免偏离了人际交往的实质意义。

罗马不是一日建成的，朋友圈的建立也是需要积累的，现在快餐式的生活节奏使得我们忽视与朋友的情谊。如果你抱着"有事有人，无事无人"的态度，受伤后把朋友当做拐杖，好了伤疤就丢弃一边，那你可能很难交到真正的朋友。更何况，谁愿意享受这种"速食"友情呢？

小兰和小白是十分要好的朋友，她们高中 3 年都在一起。后来，她们还考入了同一所大学。进入大学生活不久，小兰就主动地当了班级干部。人们常说：地位高了，人就会变。这种情况也发生在了小兰身上，自从任职后，小兰就开始装腔作势，有时见到小白也当做没看见。就这样，她们的关系变得越来越疏远。一次，小兰突然向小白寻求帮助，出于朋友一场，小白还是尽心尽力地帮她。

可事后，小兰的老毛病又犯了，等到小白帮完忙后，就彻底不理小白了。时间长了，小白深感被小兰利用，但是她心肠软，还一直不愿意放弃这份友情。周围的朋友都劝小白说：像小兰这种人不值得交。后来，小白终于下决心与小兰分开，直到这时小兰才伤心地流下眼泪，愤愤地说："我除了你没有一个朋友了啊！"

不要以为朋友之间就是你送我一杯牛奶，我给你几块钱这种简单的关系，如果是这种借债还钱、从不拖欠的人际关系，那你很难拥有知心朋友。当然，如果你一味地要求别人帮忙，而当别人有困难时却袖手旁观，那也必然不会建立起长久的情谊。

如果友情不是建立在情感基础之上，那是不会长久的。因为，彼此情感的交流与互动在人际交往中有着举足轻重的作用，它起着调节人际交往稳定性和亲密程度的作用，在人际交往的行为中起着重要的推动力。感情至上是人与人交往中应该遵循的原则，要始终奉行真诚相待、互助为本的原则。人们应该在互动之中加深往来，进而增加对彼此的吸引和喜爱，更是缩小了心与心之间的距离。当人际交往中，能够心灵沟通、灵魂净化，那才是至高境界。

如果是建立在眼前利益的动机之上的感情，那不会是最深厚、最真挚的。人们往往要经历一个长期的历程，才能彼此渐入佳境，唯有如此，建立起来的友情才最纯真、最可靠。

同时，当我们是一个受惠者时，应该懂得珍惜别人的恩惠，要时时把恩情放在心中，莫做过河拆桥之人。如果我们是施恩者，要学会从长远的角度去看待自己的施恩，不要让"一次性"的恩情蒙蔽了我们的双眼。不要目光狭窄地紧盯着自己一次的施恩，如果是这样，就会让人感到恩情成为了一次性交易。朋友不是一天就可以交成的，要靠点滴积累自己的善行，这样从长远的角度来看，你终会成为人情的富翁。

你是否具有积极乐观的心态和不断进取的精神

生活中的成功都依赖你积极主动的心态，倘若消极等待，就会受制于人，一旦受制于人，又何谈发展的机会？积极主动是人类的天性，否则，就表示一个人在有意无意间选择消极被动。被动易被自然环境所左右，比如在阴霾晦暗的日子会无精打采。积极主动的人，内心总有一片天地，天气的变化不会发生太大的作用，价值观才是关键。以积极主动的心态看待世界、看待社会、看待生活、看待工作，你会觉得到处都是如此美好。

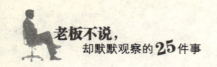
摒弃安逸的思维，不断完善自己

人人都渴望胜利，但胜利是需要付出换来的。仅仅只是抱怨、妒忌、埋怨，永远换不来胜利的果实。就像罗马帝国一样之所以强大，是因为罗马人摒弃安逸的思维，不断完善自己。

在很多人的眼里，有些人是看来就要成功的人，他们应该也是能够成为非同一般的人物，但事与愿违，他们并没有成为真正的英雄。其中的原因甚多，但是没有付出与成功相应的代价可能是其中重要的一条。

人们都渴望赢得胜利，但却不希望参加战斗；人们希望一切都一帆风顺，但却不愿遭遇任何阻力；人们希望到达人生的巅峰，但不希望经历重重艰难的挫折。

对于勤奋的人，他们可能会认为：我没有什么特别的才能，我只能是拼命干活来挣取面包；对于懒惰的人，他们可能会抱怨：凭我的能力，竟然没有让自己和家人衣食无忧。

一个人的品性是多年行为习惯的结果。生活中重复多次的行为会让我们变得不由自主，在我们不费吹灰之力时，就在无意识地、反复做同样的事情，后来就成了不这样做已经不可能了，最后形成了人的品性。思维习惯与成长经历都会影响一个人的品性。在人的一生中，我们会做出不同的努力，会不断地选择善或恶，这些最终决定了我们一生的品性好坏。

李伟刚进公司时，是这家文化传媒公司的广告业务员。因为他有出众的才能，在业务上也成绩赫然，很受关注。一日，上司找到李伟，并对他说："你是一名非常优秀的员工，具有很好的业务能力，我相信你能够变得更加优秀。现在有一件事我希望你能同意，公司决定对你的薪金作出调整。也就是说，以后你的底薪没有了，你会按广告费抽取佣金，而抽取的比例要比以前更大。"这样一来,势必给李伟带来了一定的压力,对于当时的生活情况来说,这无疑抛给了李伟一个大大的难题。可是,李伟明白上司这样做自然有他的道理,就当是给自己一个锻炼的机会,于是他决定接受这个挑战。

随后,李伟立刻开始了新一轮的工作。他将要拜访的不好对付但十分重要的客户列出了一份名单,并给自己定下了两个月的期限。其他业务员看着这些客户都认为是天方夜谭,无法完成,但是李伟却满怀信心地一一拜访。

行动开始的第一天,他就以自己的努力和智慧对 10 个"不可能的"客户进行了沟通,其中有两个谈成了交易。后来,在第一个月的其他几天里,他又完成了两笔交易。时至月底,之前那 10 个客户中还剩下一个不买他的广告。正当同事们认为李伟大功告成的时候,李伟却对这剩下的"难缠老头儿"开始了"进攻"。

第二个月,李伟一边发掘新客户,一边与那位老人进行锲而不舍的说服工作。清晨,当那位老人一开商店的大门,李伟就开始谈广告的事情,倔强的老人每次的回答都是:"不!"

就在第二个月即将过去的时候,这天李伟又来到老人的商店。这次老人的口气缓和了很多:"我现在想知道的是,你已经浪费了两个月在我身上,很不明白你为什么要这样做?"

"在我看来这并不是浪费时间的表现,在与你打交道的过程中我也收获了不少。即使你最终还是决定不买我们公司的广告,我也已经从你身上获得了锻炼自己克服困难的意志。"

老人会心地笑了:"年轻人,你很有韧劲,也很聪明又踏实肯干。我相信拥有你这样员工的公司应该也是一家优秀的公司,因此我决定买一个广告版面。"

幸运并不是可欲即可得的,要敢为别人所不敢为,你才可能成为幸运儿,你才可能成为强者,也会因此产生超人的勇气,而这勇气反过来会帮助你遇见好运。

有这样一个人,他总是在失业者的行列。平时为人忠厚,从不逃避工作

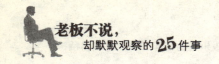
的他渴望工作，但总是被抛弃在工作的门外。虽然，他也努力不断尝试，但是结果却总是以失败告终。是什么原因呢？

朋友帮着他一起回顾以前的工作经历发现，虽然他曾经做过许多事情，但总是因为负担太重而逃避。他总是将无所事事当成人生的乐趣，并渴望过上一种安逸的生活。他在年轻的时候没有很好地把握机会，现在终于如愿以偿地过上了梦寐以求的、无所事事的生活了。然而，这种他原本渴望的"美好生活"却是一颗难以下咽的苦果。

一个人要想退化、堕落，那就贪图安逸吧。其实，只有勤奋工作，在工作中不断收获才是最高尚的、能给人带来幸福和乐趣的。当你意识到这一点时，就请尽早改掉自己好逸恶劳的恶习，并开始寻找自己力所能及的工作，开始努力吧。这样你所处的境况才会慢慢转变。

和自己做朋友，面对挫折积极向上

生活中，我们难免会走入困境，陷入无所适从的状态。当你处于这种境况时，唯一可行的办法就是摆脱境遇，让自己尽快走出来。我们应该始终把自己的眼光放在"生活里还有许多值得感恩的或我还可以做些什么"的部分。

在遇到挫折时，要学会与自己做朋友，应该积极地去面对。如果终日抱着自己的伤痛天天闷闷不乐，那你将永远处于这种不幸之中。

西点军校闻名世界，爱德华将军就是从那里毕业的。一次，他在军事学习中，不小心被手榴弹炸伤了左腿，因为伤势严重，医生不得不把他的小腿截掉。术后的他，等着退伍几乎成了不可避免的结局，而且，爱德华是一个喜欢棒球的人，他渴望赛场上的勇猛拼搏。但是现在，他只能用棒击球，而由别人替他跑垒。

英年残疾,对于爱德华来说是痛不欲生的,但是他相信自己,相信用自己的勇气可以改变这一残酷的现实,慢慢地,他在内心中接受了自己。一次,在他将球击出后,推开替他跑垒的队友,并忍着伤痛一瘸一拐地跑了起来。可是当跑到第一垒与第二垒之间时,他看到对方球员已接到球并向守二垒的队友扔去。顿时,他猛地闭上双眼,将自己的头朝前滑入了第三垒。裁判员喊出了"安全"的口令,露出胜利微笑的爱德华躺在了地上。

这次球场上的胜利,给他带来了信心,几个月后,他向上级请示,要求带领一个小队人员去地形复杂的地方演习,结果他圆满地完成了任务。做完这些事情之后,爱德华知道尽管自己身上有着不可弥补的生理缺陷,但并不影响他所热爱的军队生涯。

后来,爱德华创造了很多奇迹,他不仅升为四星将军,还能在操场上跑步。一些新闻记者在采访他时,都不约而同地问道:这些奇迹为什么会在您的身上发生?他说:"失去一条腿,却让我学会了一个真理,也就是一个人受自己缺陷的限制可大可小,这完全看你是如何看待和处理它。要注意发挥你所具有的长处,不要对自己的缺陷'念念不忘'。要和自己做朋友,要心中有自己。"

一般情况下,我们都会注重如何与别人相处得愉快,你可曾想过为什么和别人做朋友很难。答案可能是,我们忽视了首先的一步:先做自己的朋友。因为,能够很好地了解自己,成为自己的朋友,才能更好地与别人相处。通过下面的方法,你或许会喜欢上自己:

1.勇于正视自己。如果你很平凡,那就要敢于正视自己的平凡;如果你很卓越,也要敢于正视自己的卓越。无论什么情况,都要始终真诚地对待自己。我们在做任何事的时候,都要保持诚实和坚守自己的道德标准,能够真诚地对待自己,切勿虚荣、自欺欺人。

2.不对自己提出苛刻和过分的要求,但要清楚地认识自己的优点、缺点,能在一定程度上对于自己的小过错有所宽恕。

3.不要攀比,不要拿自己与其他人对比。自己的生活目标决定了自己成

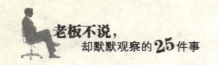

功与否。对于自己需要的一如果已经拥有,这种情况下再与他人攀比,那是毫无意义的。

4.跟自己做朋友,你的身边就会永远有朋友。不受时间、地域以及空间的限制,你就可以和自己做朋友。其实,与自己做朋友是一种状态,是心中总是装着自己、总是能面对自己心灵的表现。

通过以上这些方法,我们可以使自己更加坦然、淡定地面对周围的世界。

超越平庸,把工作做到尽善尽美

将工作做得最好,应该是我们在工作中的一种追求,不要满足于尚可的工作表现,唯有如此你才可能变得举足轻重、不可或缺。完美无缺是永远不能做到的,但是人类总是在不断增强自己的力量,提升自己而向着它前进。对自己要求的标准会越来越高,这是我们的永恒本性。

有这样一个故事,一位有钱人要出门远行,临行前他将家中的仆人叫到一起并让他们来保管自己的财产。在分配保管的财产时,他给了第一个仆人10两银子,第二个仆人5两银子,第三个仆人2两银子,这主要是根据他们的能力分配。

商人走后,那位拿到10两银子的仆人用它经商,并且赚到了10两银子;拿到5两银子的仆人也用它经商,赚到了5两银子;拿到2两银子的仆人,没有用钱而是把它埋在了土里。

一年之后,商人回来了,并开始和他们结算财产。第一个仆人带着另外的10两银子来了,主人对他很满意,并说:"你是一个对很多事情都充满自信的人。以后,我会让你掌管更多的事。现在,你可以尽情地享受你的奖赏了。"

第二个仆人,拿着他外加的5两银子来了。主人对他也提出了表扬,并说:"你是一个对一些事充满自信的人,日后会让你掌管很多事情。现在,你去好好地享受你的奖赏吧。"

最后，第三个仆人拿着 2 两银子来了，他对商人说："我知道你是一位梦想成为强者的人，收获没有播种的土地，收割没有撒种的土地。在恐惧中，我把钱埋在了地下。"主人很生气："又懒又缺德的人，如果你明白我是那样想的，就该把钱存到银行里，这样等我回来时也能拿到一份利息，这样我还能够把钱给其他两个仆人。对于那些已经拥有很多的人，我会使他们变得更富有；对于那些一无所有的人，我甚至会再剥夺他们。"

故事中的第三个仆人原以为会得到主人的赞赏，因为完成了主人交代的任务。在他看来，没丢失金钱，即使他也没有使钱增多。但是，他的主人不想让自己的仆人顺其自然，而是希望他们能主动些，甚至变得更加杰出。

顺其自然是平庸无奇的，或许平庸是我们的最后一条路。但是，是否思考过：当我们可以选择更好时，为什么却总是选择平庸呢？倘若在一年之外你可以弄出一天，那为什么不很好地利用这 365 天呢？你是否只甘愿做别人正在做的事情？为什么不可以超越平庸？

如果一味顺其自然的话，谁又可能赢得奥林匹克竞赛，将金牌带回家中？每一位取得胜利的运动员都是在不断地超越着记录。当他们厌倦了平庸时，就会像哈伯德所说：不要总说别人对你的期望值比你对自己的期望值高。在工作中我们难免有失误，你不需要去找借口，因为每个人都不是完美的。勇于承认自己并非处于最佳程度，千万不要挺身而出去捍卫自己。如果我们已然是完美的，怎么会去选择平庸呢？对于人们说那是因为天性使他们要求不太高；或是说个性不同所以没有那么强的上进心，没有那份天性。

超越平庸，选择完美，应当把这句话作为我们每个人追求的人生格言。日常生活中，我们常会因为养成了轻视工作、马马虎虎的习惯，而对手头的工作敷衍了事，这使得我们会一生处于社会底层而无出头之日。

充满着由于疏忽、畏难、敷衍、偷懒、轻率的人类历史是可怕而悲惨的。日前有消息报道，宾夕法尼亚的奥斯汀镇发生了一起堤岸溃决的惨剧，造成了全镇被淹没，无数人死于非命。究其原因，是筑堤工程没有照着设计去

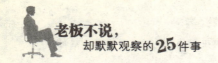

筑石基。像这种因工作疏忽而引起悲剧的事实，在我们的生活中时有发生。因为，无论在何时、何地都有人犯疏忽、敷衍、偷懒的错误。虽然，悲剧不能完全杜绝，但是如果每个人都能凭着良心做事，不半途而废，更专注些，那么这样的惨祸非但可以减少一些，而且可使每个人都具有高尚的人格。

在某大型机构一座雄伟的建筑物上，赫然写着这样的一句话："在此，一切都追求尽善尽美。"如果每个人都能用这句格言要求自己，并且实践这一格言。同时，决心无论做任事，都会竭尽全力，都向着尽善尽美的结果前进。那么，人类的福利必然会增进不少。

要实现成功，最主要的是在做事的时候要抱着非做成不可的决心，并且怀有追求尽善尽美的态度。试想想，为世界、为人类扛着进步的大旗，不断创立新理想、新标准，为人类创造幸福的人，他们都是具有这样素质的人。如果只是以做到"尚佳"为满意，那我们在做任何事情可能就会半途而废，可能很难成功。

许多年轻人之所以失败，其中一个重要原因就在于轻率，正所谓轻率和疏忽所造成的祸患不相上下。这样的人总是不会要求对于自己所做的工作尽善尽美，甚至养成了敷衍了事的恶习，并且做起事来并不那么诚实。结果是，人们最终会轻视他的工作，同时轻视他的人品。工作和生活相辅相成，如果你的工作做得粗劣，那么你的生活也会因此而粗糙。做着粗劣的工作，不仅工作的效能降低，而且做事的才能也低下。所以从某种角度而言，粗劣的工作实际是在摧毁理想、堕落生活、阻碍前进的仇敌。

大部分青年可能并不认为，职位的晋升是建立在忠实而认真地履行日常工作职责的基础上。当你尽职尽责地做好目前所做的工作，才会使你自身的价值渐渐地提升。然而，很多人在寻找自我发展机会时，总是会这样问自己："如果只是在做这种平凡乏味的工作，那我的人生有什么希望呢？"其实，我们也许会慢慢感觉到就是在极其平凡的职业中、在极其低微的位置上反而蕴藏着巨大的机会。如果，我们能把自己的工作做得比别人更迅速、更完美、更专注、更准确，并且调动自己全部的智力。同时，能够从旧事中找出新方法来,这样做才能引起别人的注意,才会使自己的本领有发挥的机会,继而满足心中的愿望。

当我们完成一件工作后,应该这样对自己说:"我愿意做这份工作,并且我也尽己所能、竭尽全力了,我愿意听取人家对我的批评。"

你生活的质量往往是由你的工作质量来决定。当你在工作中要求自己严格,并能做到最好,而不是允许自己只做到次好;当能做到 100%时,绝不仅做 99%。不论你的工资是高还是低,都应该是自己能够具备这种良好的工作作风。我们得把自己当作是一名杰出的艺术家,而不是一个平庸的工匠,这样我们才能够永远带着热情和信心去工作。

成功者总是能够力求达到最佳境地,总是不会轻率疏忽,无论是在什么样的情况下,他们都能这样丝毫不放松地要求自己。

你是否具有居安思危的竞争意识

　　竞争力是参与者之间角逐或比较而表现出来的综合能力。因此，它是一种相对指标，要通过竞争才能看得出来，笼统地说竞争力有强弱之分。但真正要准确测量出来又是比较难的，特别是企业竞争力。作为个人，在职业生涯中，我们也应清楚自己的优势，知道自己的核心竞争力是什么。我们要清楚地了解自己到底有什么是值得称道的东西，而这些"东西"就是你的财富。核心竞争力如同一把锋利的刀，为你在激烈的竞争中切开一次次机遇的口子。

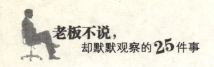
顾全大局，要有全局意识

为了整体和全局的利益，我们应该抛弃私心杂念和个人成见，要从大局考虑。因此，在职场中，应该自觉锻炼委曲求全的品质和风格。这既是个人修身养性的需要，也是要成就事业、有所发展的要求。要想在职场中胜出，对一个员工来说，就是要努力培养这种大局意识，它是你发展的根基。

从历史上看，我们会发现，有很多优秀人才因为自身性格或是情感的某些缺陷，在做事中无法从大局出发、立足长远，无法从利害关系出发、把握实际效果，最终造成严重的损失、铸成大错，甚至一失足成千古恨。在市场经济中，大家都各显神通、八仙过海，有才干的优秀人才脱颖而出。而那些能够从大局出发、以大局为重的人才更是受到青睐。其实，这点在每个人的职业生涯中都是非常重要的品质。

一些业绩突出却自命不凡的人在公司内处境艰难。每当出现这样的情况时，这些精明能干的人是否该考虑：自己是否太过计较个人得失，而不为公司所接纳？如果是这样，那你将会成为行色匆匆、穿梭于各个招聘场的应聘者。像这种"有才华"的人在职场中不能被用人单位所容纳和重用的现象，不能将原因仅仅归咎于缺乏"伯乐"，可能更大程度上是因为自己没有处理好个人与整体的关系。在任何一家公司或是老板眼中，全局高于一切，一个团体的整体利益无疑是至高无上的。一个心中只有"我"而无"我们"的人，显然是一个自私自利、只为小团体或部门利益着想的人，又怎么能够列入优秀员工的名单呢？

陈江是某公司的企划部经理，手底下有着一个 10 人的团队。团队中有一个叫李波的员工，他工作表现相当出色，不仅工作效率高，而且策划创意好，深得陈江的喜欢。可是，自从李波荣获明星员工后，就开始自大起来，不仅不把同事放在眼里，而且在策划讨论时也不听别人的意见，更加惹人厌恶的是他经常在领导面前说同事的坏话。日子久了，李波的傲慢让大家对他产生隔阂，同事们都不愿意与他合作。更糟的是，整个企划部也因为他的原因搞得士气低落、人心涣散、工作效率变差。但是陈江自己还没有意识到问题的严重性，却一味地提拔李波。在他看来，李波是一个可以力挽狂澜、能挑起整个团队重任的人，这就使得李波更加变得不可一世。最终，其他员工陆续离开了企划部。年终考核时，缺乏团队合作意识的李波和陈江最终收到了老板的解雇通知。

职场中，大局意识是不可或缺的职业品质。在事关大局和自身利益的问题上，能够从大局出发、以长远的眼光权衡利弊得失，这才是优秀员工的表现。要以宽广的眼界审时度势，要能够局部服从整体，眼前服从长远，能够自觉地服从全局、立足本职、甘于奉献。要具备服务大局、统观全局的优良素质，这样才能为自己的职业生涯打下稳固的基础，同时也会赢得公司和老板的信任。时时都能以组织整体利益为重的员工，自然是受企业组织的领导者所喜爱的。

"识得大体方堪大任"、"不怕职务低，就怕觉悟低"、"能够从整体角度考虑问题"、"从小处着手，却能从大局着眼"，像这样朗朗上口的格言，都无疑不是在阐述大局意识对企业、对个体的意义。这些话都在向人们揭示：以"大局观"面对职场中的责任、得失进退，才能够正确分析矛盾和问题，才能采取恰当的策略和措施。

在正常的职场环境下，凡是对工作有利的好主意、好建议，领导都会采纳。如果你觉得是个好主意、好建议，却不能得到同事的赞同，那么问题是出在哪呢？

首先，你是否在大庭广众之下刻意地渲染自己的好主意、好建议，唯恐人家不知道？如果是在私下把好点子奉献给你的同事，估计情况会大有不同，他不但非常乐意接受，可能还会很感激你。

其次，你的主意确实不错，但鉴于各方面的原因目前不能执行。此外就是，个人所在的角度不同，因此会用不同的方法看问题。这些都会使对方暂

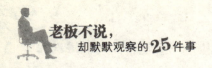

不采纳你的"点子"，此时不要心怀不快，这是很正常的事情。

再次，当别人提出计划、主意时，总是横加指责、大发议论，以致引起同事们的反感。那么，无论你的点子再好，也必然会使别人在排斥心理的驱使下而否定你。所以，不要自恃高明、盛气凌人地看待他人的想法，一定要以平等的态度待人，这样才不会引来后来的自食其果。

工作要富有主动性

別等着机会来找你，机会对于每个人都是平等的，我们要主动去寻找机会。在平常的工作中同样如此，別等着老板交给你任务，要以公司为基础，站在公司的角度上寻找机会。

刘芳是一家房地产开发公司的员工。在和朋友聚会时，她得知一个内部消息，当地政府要在市郊划出一块地皮，用来建经济适用房，这主要是解决低收入群体的住房问题。得知这一消息后，刘芳立即各方求证其可靠性，并且开始着手准备一些前期资料。在她看来，如果这个消息是真实的，那么一旦公布，政府就得公开招标，到那时必然会有很多开发商去投标。如果能提前准备，会为自己的公司成功中标奠定些基础。

一些同事听闻此事后很是不解，便问："刘芳，你这不是自讨苦吃吗？老板可没吩咐，干嘛做这些事呢？再说，倘若这个消息是假的，你岂不是白忙一场？"

"如果是真的呢，那么我现在的努力不就变得非常有价值了吗？公司为我们提供这么好的工作机会，就是怀着感恩的心去工作，也要主动些呀！"刘芳坚定地回答道。

两个月后，这个消息得到了证实。其他几家有实力的房地产开发公司这才忙着准备投标的事，刘芳所在的公司也不例外。就在经理紧急召集中高层管理人员开会，准备商讨竞标工作时，刘芳拿着厚厚的一摞资料敲开了会议室的门。

"你不是财务部的小刘吗?"总裁看到那一摞资料,既高兴又意外。

"是的。"

"那你怎么会做这些资料?"

"因为,我之前听到了相关消息,我认为主动并提前去做这些,可能会给公司带来帮助。这样在竞争对手还在忙着收集资料时,我们就可以动手做后续的事情了,就抢占了先机。"刘芳刚说完,会议室便响起了热烈的掌声。这掌声是送给刘芳的,是对她自动自发工作的肯定,也是公司领导对刘芳的感谢。

经过前期的努力,刘芳所在的公司果然一举中标。在庆功会上,刘芳被邀请与总裁碰杯表示庆贺和感谢,同时,总裁正式宣布刘芳接替退休的财务主管,任职财务主管。

现实中,初入职场的人往往尝试不足而过度服从,这就使得工作缺乏主动性。形成了上司说什么就做什么,说一次做一下。殊不知,企业不是普通的学校,不光是让你学习,而是需要你快速成长并发挥能量的地方,不然就不会聘用你。所以,职场新人不要只是缩手缩脚,应该勇于尝试、争取机会,从学生到职场人,这样才能尽快完成角色的转变。

比别人多做一点,提升个人知识和能力

不断提升自己的个人知识和能力,以适应企业的要求和社会发展的要求。当然,这些知识和能力包含本职岗位的技能还有与专业技能相关的其他方面的知识。员工需要永不止步地学习和提升,需要兢兢业业地工作才能满足这种综合要求。你需要通过不同的渠道向外界传达你提升的结果,如果获得企业认可,那就会迎来展示自己的机会。

秉业刚刚大学毕业,去了一家出版公司工作。凑巧当时出版公司正在筹备编辑一套丛书,大家都很忙,秉业来了,经理并没有时间给他安排具体工

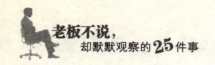

作。于是秉业成了"万金油"，无论是编辑部，还是业务部、印刷部……哪里需要他就去哪，对此秉业并无怨言，而是尽力把每一样工作做得尽善尽美。

下班后有同事嘲笑他说："你傻呀，整天被别人使唤来使唤去的，干那么多活，也不知道去哪儿领奖金呢！"秉业只是笑笑，仍旧专心致志地做每一件事。

后来，还有同事挖苦他说："你每天虽然比谁干的活都多，但都是些鸡毛蒜皮的小事，你这样做再长时间也没有成果。这会有什么出息呢？"说来也是，秉业每天都是做些包书、送书、取书、邮寄、联络……这样的琐碎之事。从表面来看的确不值得一个大学生全身心投入。但是，秉业却认为，既然是工作，就有它存在的意义和价值，就应该认真去做，也一定会有收获。这也使得每一个给他指派工作的人都对他很满意。

3年后，秉业被提拔为发行部主管，这样的宣布让很多人都感到意外。可是，公司总裁的一番话让大家明白了其中缘由："秉业在每一件事情上都比别人多做一点，他做过多个部门的工作，并且学会了这些部门的工作，又熟悉所有部门的经营管理。因此，在你们中间没有人比他更合适坐这个位子的了。"10年后总裁退休时，将总裁的位子传给了曾经的"万金油"——秉业。又过了5年，秉业创立了自己的出版公司，而且在出版行业也打出了自己的品牌。

必须"比别人多做一点"，这是我们在激烈的竞争中脱颖而出的法宝。同时，我们应该怀着一颗感恩的心去锤炼能够驱动自我的"好功夫"，唯有如此我们才能更容易有卓越的表现。

一个人的综合能力的体现之一就是平衡力。许多人都因为缺乏这种平衡力，而在职场中止步不前。平衡力包括做事的方法、平衡自己生活和事业的能力、与别人相处的能力、管理时间的能力还有能使这些因素和谐地融合在一起的能力。就好像人体所需的钙质，如果人体缺钙，就会导致骨质疏松、腰酸背痛、容易发生骨折一样，一个人如果在职场中失去平衡，就会失去良性发展，最终全军覆没。

机遇偏爱有准备的头脑

　　美国的哈佛大学有这样一句著名的校训：做好准备，当机会来临时你就成功了。当你自己准备妥当，才不会在机会来临时手忙脚乱。应该随时保持最佳的状态，一旦机会出现，我们就要牢牢地抓住它。

　　机会总是给有准备的人。这是一句老生常谈的话，但是却蕴含深意。在职场中，唯有如此才能赢得发展。有些人，上司在时一个样，上司走后又是另一个样。在工作的8小时里混混沌沌，在8小时外更是把工作抛在脑后，对于上级布置的工作能拖就拖，对于上司给予的建议也是听过就忘。在他们身上常会看到这样的状况发生：当领导突然问起一件工作时，他们总是支支吾吾、不知所云，准确地说是回答不出个所以然来。这时可能听到最多的一句话就是："请你等一等，我先问一下然后再告诉你情况。"这其实就是在表明自己根本没有做好工作。这种被突然袭击搞得手足无措的人，只能说明他们在工作的8小时内没有把工作放在心上，对于8小时外就更不用说了。这样的员工，不管人前如何表现，一到关键时候就会掉链子，如此以来上司怎么会把大事托付于他？他又怎么获得上司的青睐？

　　自2008年底开始的国际金融危机让许多人一夜之间丢了工作，时任某外资企业产品研发部经理的陈刚意识到这一点：虽然自己带领同事为公司开发出了很多的新产品，为公司作出了贡献，但是自己位高权重，属于裁员高危人群，恐怕难逃此劫。于是，他和爱人共商应对之策，并联系猎头为自己寻找适合的职位。正如所料，2009年第一季度，总公司宣布裁员1/3，研发部成了"重灾区"，包括陈刚在内的所有同事全都面临失业。得知这个消息，陈刚很淡定地收拾好自己的私人物品离开了公司，并于一周后去了国内一家中型企业做副总

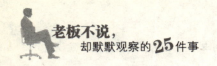
经理，他的事业走上了另一个新台阶。

在很多时候，我们应该有危机意识，要善于提前规划自己的未来。这样一次危机才可能是一次转机，特别是在职场中，无论外界如何变化，都要清晰地认识自己，明确自己的方向，清楚自己扮演的角色。通过理性的规划和充分的准备，不断地向实现目标的方向努力。故事中陈刚凭借自己的实力以及未雨绸缪、提前规划，在危机来临时积极想出应对之策，使自己能够立足于职场，并且赢得了更好的发展平台。

所谓的"有准备"就是要保持"空杯"心态，就是要不满足于现状，就是要不断加强学习。时刻保持谦虚、时刻不忘勤恳学习、时刻善于学习，才能得到更多知识和技能，并且获得更大发展。无论你是专科毕业、大学毕业还是具有更高的学历，在工作中都不能停止学习的脚步。即使在职场拼搏数年后，你的事业已经稳步上升，那也不能自满，还是要不断地给自己增加竞争的砝码，不断提高自己的实力，这样才会在时机成熟时能够脱颖而出。

在工作中自觉执行的人才能立于不败之地

把应该做的工作做好，这并不是最优秀的员工的体现，应该提高自己的思想意识，首先从思想意识上提高到优秀员工的层次，然后就是要学会服从，高效执行，并且不断学习、不断提高、不断充实自己以便使自己成为最优秀者。

在工作中，能够自觉执行的人才是最好的执行者，这种人会坚信自己的能力并且完成任务。他们不是为了老板的称赞，或是三分钟热情工作，而是自觉地执行、不断地追求完美。

顾青是一个真诚、认真的女孩，她对自己有一个清楚的认识，知道自己的优势和劣势，也据此对职业有一个很合实际的要求。她希望能找到一份自己能够胜任同时也喜欢的工作,然后勤勤恳恳地努力做到最好。

与一般人的求学经历不同,她并非从高中考入大学,然后顺利走上工作岗位者,顾青的求学经历艰难得多。1995年,顾青去了青岛电子工业学校通信技术专业班学习,3年后,她又在该校外贸企业管理专业开始了两年的中专学习。因为这所学院实行的是德国的"双院制"教学模式,十分注重对学生实际操作能力的培养,这使顾青受益匪浅。在那里学习毕业后,顾青就去了一家外商独资企业,开始工作时,顾青是客户服务部助理,主要的工作内容是获取用户的各种需求信息,通过电话拜访客户,并将相关的有用信息及时提供给各相关部门。由于工作出色,一年半后顾青被调到销售部做业务员,负责在产品发布会上向大家介绍产品、开发客户、销售产品。但是顾青对销售工作并不感兴趣,于是一年后她选择了离开。

随后顾青进入了一家信息公司,并担任总经理助理的职务。公司规模不大,并且人员精简,顾青在这里成了公司里的"万金油"。她的工作职责包括:管理各类文档;处理人事录用、社会保障、各类年检等手续;协助总经理制订制度、总理公司行政、核算财务、后勤采购;对外联系;有时还要配合总经理完成其他相关工作等。

在这里,顾青工作了5年,公司总经理对她的评价是:尽心尽职、认真踏实、诚恳待人、工作效率极高,是位难得的帮手。

如果想培养自己在工作中的自觉执行意识,下面的几点提示能帮你的忙:

1.要尊重自己的直接上司,并要情愿将功劳让给上司,时刻检查自己的行为。如果对上司有意见,要在私下提,不要在公司里提。

2.应该学会站在上司的角度去考虑工作中的问题。

3.努力进入老板的圈子,制造与老板接触的机会,成为他所信任的好帮手。

4.如果你是一个部门的主管,但是你的部门出了错,当老板责怪下来的时候,不要将责任推到下属的身上,应该勇于承担。并且应该在部门内部进行错误分析,找出原因。

5.如果你发现老板在工作上面有缺陷的地方,可以通过电子邮件、传递

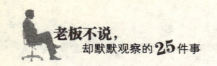
短信等方式谈谈你对这项工作的看法，并且不要直接指出他的错误，更不要到处说。

6.如果你生病了，状态不好，不要勉强上班，因该保持良好的精力工作。

7.如果你是一个部门的主管，因该有意识地主动组织你的下属去开展娱乐活动，这样可以增强你部门的凝聚力。

8.对自己的下属，要清楚地知道：下属是你最好的工作伙伴，应该是一种合作的关系，而不是你"管"着他们；如果下属做错事，应该教他如何去做，并不是帮他做他的分内事。还要学会赞美你的下属，这样可以给他信心。

竞争对手是你最好的学习榜样

每一个竞争对手都是你的目标，同样也是你前进的指路人。如果没有对手，人生将失去前进的参照物。我们要学习竞争对手的长处并发扬，弥补自己的短处，在竞争的同时提高自身的能力。

在现实工作中，一纸文凭只代表你过去的文化程度，它的价值也只是体现在现在的保底薪金上，这样的有效期也不会超过 3 个月。要想在一个优秀的企业中站住脚就要放下架子，就必须从小学生做起，积极主动地不断向周围的人学习。唯有这样，你才能在竞争激烈的职场中生存，才能在未来中有所成就。

不去学习而是拒绝，那只会导致事业的危机；要想境况有所改观就得积极学习，这样的故事平淡且常见，似乎每天都能看到这样的故事上演。如果你也是其中一员，那么就要努力改变自己，积极地开始学习。

大学毕业后，李英在一家外资公司干了两年，自认为在资历、业务上都有了长足的进展，于是就开始自以为得意地飘飘然了。可就在这时，她被人事部调动至一个新部门，她注意到新部门里的一位老同事，并把他当成假想的对手,旨在刺激自己的战斗力,激活自己的工作潜能。

在她眼里,这位老同事就是她的竞争对手。说来这位老同事也是很有能力的,公司里有很多有胆、有识、有为的年轻人,都是他的手下败将,都在与他的较量中纷纷落马,摔得鼻青脸肿,这其中还不乏一位是总经理的博士小舅子。所以当李英知道自己要和这位老同事搭档时,自负的她立刻觉得有一种将遇良才、棋逢对手的感觉,想着一定要和这位老同事一争高低。李英盘算着自己年轻、博学、新潮、反应灵敏又懂电脑、懂英文,可谓是占据了各方面的优势,而且这些都是那位老同事无法具备的。同时,李英对上会迎合领导,又善于广交朋友、搞人际关系,"我有什么比不上他呢?"她常常这样想。

这位老同事唯一能炫耀的就是他的经历和经验,在十几年前公司刚刚建立初起他就在公司,可谓是公司元老。但是除此之外,他什么都没有,并没什么值得炫耀的了。李英还觉得:谁不知道职场是用新不用旧,因为旧人对公司了解得太多,而且常常以功臣自居会引起老板的反感。并且,经验不过是过去经过的体验,在新的局面下也未必适用。

琢磨过这些之后,李英聪明地决定,第一天上班就给老同事一点颜色看看。李英新调去的部门是策划部,这在公司是举足轻重的部门,是由老总直接领导,并且也是老板最为看重的一个部门。在讨论公司的一个可行性方案时,李英一直没有提出支持或者反对意见,但是只要这位老同事一开口,她就立即提出反对意见。更有甚者还罗列出 10 条 8 条的头头是道的不可能因素,这在任何人眼中都能看出老同事观念之落伍、学识之老化。

接下来的几天,她迅速而果断的办事能力和处世结果,让部门内其他同事都发现这位老同事在工作中的弊端。

因为表现突出,没过多久,老板就把一件重大的策划方案交给了李英,并嘱咐她要向这位老同事多请教,老同事是个行家,一定能给李英很大帮助。李英根本没有让老同事参与这项工作,更别说什么请教了,她自以为是地拿出了方案,结果在实施中失败,使公司蒙受了很大的损失。最后,还是这位老同事出面,提出了解决方案,才给公司挽回了败局。这件事后,李英在董

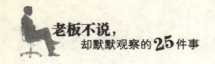

事长、总经理、部门经理的眼中都不再是"红人"，她也被调到了一个无关紧要的部门。

工作中的每一位同事、领导都有自己的特点及优势，若不虚心学习他们的长处，而只是一味地发现别人的短处、缺点，还毫不顾忌地指出，那迟早吃亏的是你自己。

你的职场人品是否为人称道

人人有道德，人人都通过诚实劳动获得属于自己的幸福。职业道德是一种企业文化，不仅使少数人行善事、做好事，而且使每一位从业者形成自觉行为。"我为人人，人人为我"，是人生职业道德的基本原则，它集中体现了为员工服务的思想，也就是每一位从业人员既付出服务，又接受服务。在一个有秩序的企业中，大家都要提供服务，要努力形成一种相互依存、相互支持、共同发展的关系。

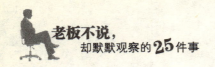
自律自制，以不损害公司利益为原则

公司的利益高于一切，这是我们每名员工都应该认识到的。任何人，无论在什么情况下，都必须把维护公司利益作为首要任务。当你在做任何事情的时候，首先要考虑的是事情应该是对公司来讲是有好处还是有坏处。

要想实现个人利益就要以公司利益为基础，这样公司利益才能与员工利益紧密相连、相辅相成。从这个角度来讲，维护公司利益就是维护员工的自身利益，因此公司的利益是最关键的，如果公司实现持续发展，那么每位员工的利益也就得到了实现。只有公司的利益得到了保障，个人利益才能相应地有所依托。我们员工的工资、福利待遇，这些都与公司是否盈利息息相关。

那么我们需要从哪些方面来维护公司的利益呢？首先是顾全大局、正确处理个人与公司利益的关系；其次要坚决抵制破坏公司利益或公司形象的行为；最后就是维护部门利益。作为一个优秀的员工，应该是公司形象的保护者与宣传者，应该是公司物质利益的维护者。

要想成为一名为公司所器重、所信赖的职员，就要时时维护公司的利益。如果你是身居要职而又居心不良的"精明能干者"，却不能维护公司利益，那是相当可怕的事。如果这种人参与公司的经营决策、了解公司的商业秘密，则他们的行为可能会直接影响到整个公司的生存和发展。

以下两点在维护公司利益中是非常重要的两点：

首先，私事不要在工作时间做。对每一个职员来讲，这是公司对你的最基本要求，不要抱着这都是小事，无伤大雅的想法。要知道公私分明是每一个职员必备的职业道德和应遵守的职业纪律。在工作时办私事，不仅会耽误本职工作的进程，而且会影响工作气氛，日子久了必然会造成你与公司其他职员之间的感情对立。要想使老板对你有很好的评价，就要努力维护、制造一个轻松、和谐的工作氛围，那么首先就是不要在工作时间做私事。

其次，要戒除私心，不要将公司的物品私有化。在一些微不足道的小事上往往能反映出一个人的职业操守，不要让这一些小事坏了自己的名声。事实上，做老板的最担心的是用错人。如果你是一个只知道一味追求私利的人，那么给公司带来负面影响是迟早的事，这样的人怎敢重用？因此，要努力使自己成为一名有强烈的事业心、公私分明、一心为公司谋利益的员工，这才会使老板放心，才会使老板愿意重用你。

虚怀若谷，在请教中提升专业技能

> 虚心向别人请教和学习，学会请教，并保持清醒的头脑，能够清醒地认识自己所处的位置，并能够积极向进步的方向发展。

在工作中我们不乏遇到这样的一些人，他们往往充满抱负与追求，并且才华横溢，喜欢向外界展现自己，唯恐自己的能力不为人所知，而且还总是会觉得自己不同于常人，因此具有很强的优越感，他们渴望因此得到同事们、周围朋友们的钦佩和尊重。可是，实际上事与愿违，他们在别人心目中可能是"骄傲的兔子"。因为缺乏谦虚的态度，他们不会有好人缘；因为缺乏谦虚的态度，他们不具备令人尊敬的高尚品格。

听朋友谈起这么一件事，当时，朋友所在的单位分来一批大学生，在新人座谈会上，领导希望新加入的毕业生能够在实习期尽可能地结合自己的工作多向公司提意见、建议。

当时确实有积极响应领导号召的，一位名叫李欢的学管理专业实习生，在单位工作不到一个月，就结合自己所学的专业，洋洋洒洒地写出了一份万言书，从作息时间、部门设置，到工作流程等很多方面，找出不少"毛病"，并

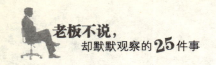

提出了相关的改进意见。

她也因此在大会上得到了领导的表扬。因为觉得自己是科班出身，在管理理论上要比别人懂得多，于是锋芒毕露，在日后的工作中，她壮志满怀，但却无法与周围的同事融合到一起。大家对她也是敬而远之，在同事中没有好人缘，工作很难开展，她的那些建议在实际中很难实施，因此各种问题并没有解决。

虽然在实习一年后她顺利转正，但是她一直郁郁寡欢，不久就辞职离开了单位。

旁观者清，从上边这个故事里，我们恰恰可以得到这样的启示：职场上为人处世不可锋芒毕露，一定要谦虚，不要不分场合背景地过分显示自己，一定要谨慎适度。

其实，每个人的聪明才智相差不多，你并不比别人强多少。要想在职场上成为优秀的一员，那就要谦虚待人、诚心做事，这是很简单的道理，但是要做起来并不容易。要把自己的视点和调门降低，要在脚踏实地中才能得到认可，你也会因此而得到属于自己的成功。

谦虚的人，更容易取得别人的信赖，因为他会给人以亲切感，如果还能在工作中适当表现出能力，那一定会赢得别人的尊重。职场上学会对自己轻描淡写、虚怀若谷，要"才美不外见"，这往往会比过分表现自己的强大收到更好的效果。谦虚的人能够给别人一种心理上的平衡，不会使他人感到自己卑下而失落。

由于谦虚，甚至可以让你的潜在对手感到高贵与强大，使他获得一种期望中的优越感。而这种优越感，反而能为谦虚的人扫除一定的阻力，形成良好的外部氛围，这样你就可以在别人"忽视"中慢慢前进。我们都听过"龟兔赛跑"的童话故事，虽然乌龟很慢，但是骄傲的兔子并未获得胜利，因为它很自负，乌龟虽然爬得慢，但最终第一个到达终点，因为它谦虚。做一只"谦虚的乌龟"，你会在职场中有个好的未来。

建立良好的人际关系有利于工作的开展

良好的人际关系是发展的重要条件，好的人际关系让职场更加顺畅，差的人际关系会毁了美好的前程。我们在职场中，要懂得把握和上司、同事、下属的关系，职场中不存在个人英雄主义，更没有一个人能独立完成的任务。

必须与老板、同事、客户建立良好的人际关系，这是我们在任何地方或环境工作的前提，这样不但有利于我们的工作，而且有利于我们的发展。

在贝尔实验室，美国心理学家L.凯利和J.卡普兰做过这样一项研究：参与实验的人员都是学术、智商很高的工程师或是科学家，但是他们有的出类拔萃，有的人却碌碌无为。研究发现，主要的原因就在于具有突出成就的人能够广结良缘，能够良好而稳定地建立起自己的交际网。当他们遇到困难时，总是能寻求他人的帮助，并且很快就有结果，这都源于他们平时建立起的可靠的关系网。而那些表现平庸的人，因为没有较好的人际关系，因此一碰到困难就一筹莫展，他们当然也会寻求他人的帮助，但效果不大。这样的结果充分说明，良好的人际关系对于一个人事业成功和生活舒畅是多么重要。

有人说："要想知道一个人是什么样，看一看他的人际关系。"将来有何作为、有何成绩，在很大程度上都源于良好的人际关系。的确，良好的人际关系对一个人的成功来说是不言而喻的。它不仅会带给你安宁、愉快、轻松、友好的心境，而且还会收获工作上的成功与顺利。

美国前总统克林顿能够成功地赢得竞选，就是与他拥有广泛的人际关系有关。他拥有高知名度的朋友们扮演着举足轻重的角色，这其中包括从小和他在一起的热泉市的玩伴，还有年轻时在佐治城大学与耶鲁法学院的同学。正是这些朋友，在竞选过程中对克林顿的支持，为了他的竞选能够四处

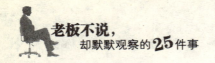

奔走、全力地支持才使得他能够成功获选。克林顿在担任总统后，也不禁感慨说：朋友是他生活中最大的安慰。

俗话说：一个篱笆三个桩，一个好汉三个帮。要想网罗到更多的机会，具有丰富的人际关系是一个很好的办法。作为一个职场人，幸运的是能够在工作中结交一些朋友的。这在个人职业发展中来看，职场中的朋友之间可以互相学习、相互交流工作经验、互相鼓励，或许有的时候还会在生活中提供帮助。总之，拥有一个良好健康的朋友关系，对于工作和生活都是很有益处的。

广结善缘，于人于己都有好处。在工作竞争中，如果你人际关系好会有明显的优势，这使得别人不仅会支持你的工作，而且会处处为你着想，不断维护你的利益，那么对于你成就事业是难得的基础。

平时多烧香，才有贵人帮。上班族中，我们常会听到"爱拼才会赢"这样的话语，可是事实告诉我们即使拼尽全力也不一定会赢。这其中的一个很重要的原因就是缺少贵人相助。在成就个人事业高峰的过程中，不可缺少贵人相助。有时在某个关键时刻，能够得到贵人的一臂之力，可能会使你"鲤鱼跃过龙门"，有了施展抱负的舞台。

有人做过统计，80%的总经理是得到过贵人赏识才能坐上宝座的；90%的中高层领导是被贵人提拔而晋升的；100%自行创业成功的老板都受恩于贵人。

面对跳槽要有良好心态

职业成长的过程,也是身价提升的过程。一名员工成长了,但是所在企业不能给予他符合价值观的回报,那么就要面对人才出走的问题。除了金钱地位,经理人在自我实现的过程中,需要的是得到更广泛的认可和成就。每个人都有权去谋求身价,去追求自己认可的职业价值。如果企业不能应对竞争而被淘汰,那么被解散与识时务而早做准备跳上更高层次是完全不同的方式和结果。

善终善始,符合法律条款办离职,在和企业事先签署协议的前提下,首先要遵守,如果为了谋求个人身价而单方面中止协议,是违背职业道德和破坏商业规则的。如果一个品牌企业愿意接受了这样一个人,只能说明企业认可他的不道德行为,那么该企业的品牌和口碑就会受到公众的质疑。在离职的问题上,要深思熟虑,要靠你的理智作出判断与决定:

首先,不要单纯地因为薪水而跳槽

即使你面临很大的经济压力。当你想换工作时,也要理智地对两份工作所能提供的总体价值进行一个评估。从企业实力、个人发展机会、工作环境等多个方面对两者进行比较,不要单纯地为了薪酬。对于年轻人来说,好的工作平台、好的个人发展机会是最重要的,它意味着你未来的薪酬。

其次,不要单纯地因为不满而跳槽

不管在哪个企业,有些问题是企业的共性,可能是你在任何地方都会碰到的问题。工作中,我们常常会因为对目前工作的不满而选择逃离。殊不知,新工作上手以后,之前的老问题可能又会浮现出来。到了这个时候怎么办呢?还要再跳槽吗?如果是因为一些客观的因素受限,没有慎重而冷静地思考就跳槽,那是一种逃避。所以,对现在工作的某方面不满而决定跳槽的朋

163

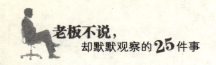

友，请先冷静地思考一下："换一份工作能否真的解决我现在所面临的工作中遇到的问题?"成年人都会尽量地找到目前工作的问题，并且尽力改善，有步骤地拓展自己的职业生存空间。

再次，不要因为攀比而跳槽

短时间的比较没有意义，因为职业发展是一个马拉松的过程。在我们年轻的时候容易和别人去比，总想着拥有一份更高薪的工作，使周围人刮目相看。事实上，最初薪水高的人在未来的发展未必一定都会很好。不同的行业、不同的职能岗位，本身缺乏可比性，如果盲目地与周围朋友比较，只会使自己心态失衡，或是作出跳槽的错误决定。

最后，保持职业发展的持续性

我们的周围可能不乏有不断地跳槽的朋友，有时甚至是跨行业跳槽，或者跨职位跳槽。这次做销售，下次可能是文案;这次是快速消费品行业，下次是信息业，整日这样朝三暮四，十有八九到最后一事无成，到头来一把年纪还要跟后辈去人才市场竞争。正确的做法是，在进入职场的几年内，就要为自己选定发展方向，并能够在一个行业内、一种职能岗位上持续坚持做下去，力争成为专家。跳槽是可以选择的事情，但是不要轻易换行业。

员工从一家公司转投至另一家公司工作，从员工角度来说是换工作、是"跳槽"，对于接收的公司而言则往往被认为是"挖墙脚"、"挖人"。一直以来，"挖墙脚"被视作是贬义词汇——如果将别人的墙脚都挖了，那他的房子要如何伫立?从某种意义上讲，挖别人的墙脚简直就是图财害命，这种行为不仅被视作损人利己，而且还包含有偷偷摸摸、不道德、非君子等贬义。

表里如一,不做当面一套背后一套的伪君子

常言道,易反易覆小人心。如果说话不算数,人前一套,人后一套;明着一套,背着又一套;一会儿这样,一会儿那样,这些都被看作是小人的代表行为。

人的虚伪确实很难改变。要有一个具有良好人际关系,并想走向成功,那么就要克服这种缺陷,多从别人的角度思考问题,多为别人着想。你对别人虚伪,别人心里肯定不痛快,这就好像别人对你虚伪一样,你也会心里不快。当别人对你态度恶劣,你肯定也会愤愤不平。因此,从我做起、去掉虚伪、以诚待人、与人交往本身就是一个互动的关系,要想别人肯定而诚恳地待你,就要先要求自己克服虚伪这种缺陷。

如果你已经沾染上了虚伪的恶习,那要如何克服这样的缺陷呢?

第一,对那些虚伪的环境说告别。凡是名利场,通常情况下的虚伪概率就要高很多。除非迫不得已,否则应尽量减少去社交场、舞场之类的地方。像这种地方是缺少虚伪就无法立足的。少接触一次这种场合,便少一份虚伪的必要。

第二,不要阳奉阴违。阳奉阴违比拒不服从更为可怕,当我们拒不服从地做一件事时,往往是建立在对自己的能力和事情的基本特点有所怀疑的情况下,或者是在"顽固地坚持原则"。如果上级暂时没有时间听你说明,他至少可以派其他人去执行,而不会延误进展。但如果是阳奉阴违,就有可能因为你的原因造成上司对局势失去控制。

第三,少一些自私自利。"有利可图"往往与人的虚伪相关,因此尽量少一些自私,这在人际交往中就会多一些无私,你也会在一定程度上减少了虚伪的行为。

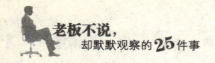

第四，言行一致的说老实话，办老实事，做到表里如一。不仅在生活中，更要在工作中严格要求自己，以平常心处世，谦虚谨慎、不骄不躁，更不要与他人攀比。

李宏大学毕业后，进入长沙一家私人公司上班。工作以前李宏就听说职场形形色色的人都有，不好相处，因此他格外小心谨慎。每天一大早他就到公司，并且将同事们的桌椅清理整齐，尤其所在部门市场部李强的桌椅。因为工作繁忙，李强经常加班，他的桌上总是堆满书本，而且乱七八糟的，李宏总是为他整理得井井有条。

每半个月公司员工就要大聚一次，李宏总是甘愿当同事们的勤务员，而李强也愿意教他业务。日子久了，李强一有业务，就叫上李宏一起去。

有一次，李宏帮忙为李强做一份策划方案，但是他做错了一组数据，最后导致客户的否决。李强大发脾气，但是李宏并没有气馁，而是主动向李强道歉，并更加努力地学习。时隔不久，李强反省自己，而且通过后来的表现，他并觉得李宏确实不错。

天有不测风云，人有旦夕福祸，一个月后，李强得了急性阑尾炎，他是外地人，在长沙并没有亲人，而这个病来得急，又需要动手术。李宏于是照顾起了他的起居，手术后开始给他送饭、清理个人卫生，等等。

因为李强住院，所以他的业务也都由李宏帮助处理。公司其他同事对李宏的言行都看在眼里，并且非常欣赏他的所作所为。就这样，在试用期后，李宏顺利转正。

在生活中要做一个真诚的人不容易，因为真诚就意味着不能有半点虚假和功利，就意味着要奉献。真诚待人、克己为人，要实实在在地付出。这样的人也许偶尔会被欺骗，但他们会得到人们时时的尊敬。人们总是会真诚地接纳一位处处为他人着想、从不为个人利益放弃诚实的人，并且愿意与他交往。因此，我们要努力使自己成为一个真诚的人，要学会体谅他人的心情。

我们经常会看到这样一种情景：两个人在办公室里看上去似乎很熟络、亲密，总是嘻嘻哈哈的，但实际上，却在背后互相批评、指责；但是两个平时交流不多的人,彼此心中却少有反感,甚至是彼此欣赏的。

在办公室内,人际交往似乎成了工作之外的永恒话题,人与人之间是否该以诚相待、是否该相互亲近?这是很多职场人都感到困惑的问题。

同事关系好,本是好事。但是,在交往中不要伪装真诚。对于办公室中的同事,我们可能很难做到与他们走得太近。所以不要对同事有过高的期望,大家只是在一起工作,大方面没问题就行了。

不要伪装真诚,因为虚伪永远是假的,假的真不了。那么,与其费心思装模作样,还不如保持适当的距离,这也能让你跟同事关系更加和谐、更加美好。下边就给大家介绍一些正确的交往原则:

1.喜欢。在承认彼此价值的前提下,我们会相互喜欢对方,因此要学会发自内心地喜欢别人,认可他人的价值,这才是真诚交往的前提。

2.维护。要给对方面子,要学会维护别人的自尊心,这并不是说我们要无条件地处处迎合别人、没有原则。

3.真诚。要发自内心的,并非伪装地真诚,否则会让人觉得有种被欺骗的感觉。同时,不要把真诚写在脸上,而是要在实际中有所表现。

4.付出。在人际交往中我们总是在交换着某些东西,有时是物质,有时是情感,有时是其他东西。需要提醒的是,在一次次的交往中,不要怕吃亏,不要怕付出太多,更不要急于获得回报。

5.自由。努力创造一种自由的气氛,要让别人在与你交往中感受到一种平等、一种自由的气氛,而不是为了塑造、雕琢一种"好人缘"。

第 18 章

你能否与团队精诚合作

团队精神是指一个组织的共同道德理念和价值观,主要表现在企业文化中。它是企业的灵魂,没有它,企业就是一盘散沙,就没有统一的意志、行动,当然就不会有战斗力;一个企业没有团队精神,就不会具有生命的活力。培育企业的凝聚力,良好的团队精神就是一面旗帜,它召唤着所有具有共同价值观的人自愿聚集到这面旗帜下,为共同的目标奋斗。在这种情况下,作为一个员工要有团队意识,要能够与团队的其他成员精诚合作。

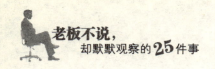

和谐共处，营造良好的工作环境与氛围

　　面对技术及管理的日益复杂，社会分工的日益细化，即使是天才也会觉得力量和智慧显得苍白无力，也需要他人的帮助，否则很难仅凭一己之力而造就事业的辉煌。正因如此，很多日本企业具有强大的竞争力就不难理解了，因为它们并不强调员工个人能力的卓越，而是注重员工整体的"团队合力"，是那种弥漫于企业的无处不在的"团队精神"。

　　世上的人没有全才，但是在团队中每个人都可能在某一方面是天才，因此只有发挥团队精神，才会取得更大的成功。团队内每个成员为了团队的共同利益而紧密协作，这就是团队精神，会使团队形成强大的整体战斗力和凝聚力，最终实现团队目标。团队的存在意义在于提高组织的绩效，在于创造比成员个体业绩的简单之和要大得多的价值。

　　良好的工作环境和氛围是塑造一个好团队、拥有一个好的团队精神必备的条件。如果内部竞争太激烈，就会造成群体之内、各成员之间以敌相视，就难以发展成一个学习型组织。要想组建一个学习型组织，就必须有和谐的内部气氛，要让组织内的成员能够互相分享、相互交流知识。

　　内部竞争越强越好，如果抱有这种想法的管理者，甚至还刻意地制造很强的竞争文化，这种自以为是高明的举措，实际上是在带领企业走向灭亡。组织应该是一个让大家相互学习、团结协作、分享创新、不断进取的真正的学习型组织。

　　团队中的每个成员都是不可或缺的，并且每一个团队成员都应具备团队合作的意识。无论你自身能力多么强大，要知道，团队少了你也会继续运行，因此妄自称大是一种愚蠢的想法。

　　团队合作中，做好自己的事情是最起码的，将自己手里的事情做好是必须的。一个团队的任务要有分工，那么分配给自己的任务就要保质保量、按时做好。只有这样，你才不会是团队里的麻烦制造者；也只有在这个前提下，其他成员的事情你才能去协助或是帮忙，不然就是本末倒置、轻重不分了。

信任你的伙伴即是团队成员，那么对伙伴的信任就是最基本的原则了。要坚定不移地相信他们能够与你协调一致，同时坚信他们会理解你、支持你。在信任的氛围中，一个团队才有可能高效地工作。否则，大家相互猜忌、互不信任，那该如何分工？因为总有一些任务是要依赖于别的员工去完成。而且猜忌的气氛会使大家不能全心投入到工作中去，而且也不利于组织内各成员工作能力的发挥。

人际关系和团队精神塑造了组织中各成员间的工作氛围。因此，一个良好的工作氛围不仅可以使员工在轻松愉快的环境中工作，而且会使大家彼此相互信任，为共同的目标而努力。作为一个领导者要善于在这样的氛围下，运用激励方法使团队的创造性和潜力得到激发，这样业绩就会很显著。反之，如果是不好的工作氛围，上下级之间缺乏沟通和信任、平级之间关系冷漠，部门之间也会互相推卸责任，那么组织就很容易陷入内耗之中，阻碍组织的目标实现。

优秀的企业都非常注意工作氛围的塑造，因为一个好的氛围能够使团队成员的心理契合度提高，能够使大家在一个良好的工作环境下、在团队成员彼此充分信任和合作中很好地工作、学习，产生最大效应。

新到的同事对马上面临的工作不甚熟悉，这时一定很想得到大家的指点，可是往往心有怯意，于是不好意思向人请教。这时，我们最好能主动去关心帮助他们，在这种"危难时刻"向他们伸出援助之手，给他们雪中送炭，往往会使他们铭记终生，并且从心眼里深深地感激你，这也会赢来他们在今后的工作中能够更加主动地配合和帮助你。千万不要自以为是，对新人冷眼相待，不放在眼里，对于他们在工作中提出的建议不予以尊重，甚至冷嘲热讽。这些做法都会伤害对方，从而对你产生厌恶感。

团队要想创造并维持高绩效，其根本就在于员工能否扮演好各自的角

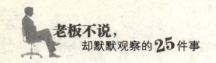

色，每个人都有自己的特点、专长、贡献，但是要在与人合作的前提下找准自己的位置。对于自己扮演的角色要很好地把握，这样才能保证团队工作的顺利进行。如果你站错位置、乱干工作，不仅会影响整体工作进程的推进，还会使整个团队陷入混乱。

对于这一点，下边给出大家两点建议，以供参考。

首先，想要扮演好团队队员的角色。既然自己是团队中的一员，就应该努力具备优秀成员的品质。每个成员的优缺点都不尽相同，而在一个团队中你应积极寻找团队中其他成员的优越之处，并且努力向其学习，这样才能降低自己的缺点和消极性在团体合作中的作用。这样在提升自己的同时，也提升了团队成员之间合作的默契程度，进而增强了团队执行力。在团队中较少有命令和指示，更强调的是协同，因此团队的工作气氛很重要，这是影响团队工作效率的直接因素。如果成员之间能够积极寻找彼此间的优秀品质，那么团队的协作就会变得更加顺畅，各成员的工作效率也就更高，从而使团队整体的工作效率得到提高。

其次，在团队中不要总是出头做"好人"。工作中，对于团队的决定不要直接否定，始终让团队作为与客户打交道的主体。如果条件成熟，还可以让团队与上级打交道。如果你不得不插手，那就直接公开地支持自己的团队。如果必须作出什么改动，最好能和团队成员一起私下解决，同时要把功劳让给团队。要让客户觉得在你这儿得到的承诺，远不如和团队进行合作更加实惠，并且能够让上级也产生同感。如此一来，他们就会养成与团队直接打交道的习惯。从你个人的角度来讲，直接和团队打交道可以使工作更加轻松；而如果从团队的角度而言，让团队成为主体可以使团队的运作更加有效率，正所谓一石二鸟、一举两得。

博采众长,光杆司令不足取

任何人只要对团队的某些制度有了自己的意见,或者设想出了什么好主意,都会觉得十分高兴。倘若这些提议还能够被团队采纳,则会大大地激励他更加热心地工作的热情。一般情况下,团队是很鼓励员工提建议的,这是集思广益的表现,也能借此来汇集众人智慧,提高团队生产效率。

将自己的经验和心得与他人分享,并协助他人学习成长,在很多人看来是一件十分快乐的事。正所谓"教学相长",乐于与他人分享,那么他人也就会乐于和你分享。那么,彼此之间就增加了很多学习的机会。同时,在与他人分享的时候,对于自己的经验与心得可以做进一步的深化,有时候甚至因为分享而发生些许的激荡,继而使原有的心得加以扩大。

很多情况下,员工不发言,并不表示他们没有相关的见解。每位员工对于工作的分配都会有想法,只是有的时候会在心中嘀咕不已。在他们心里或许在念着:"如果让我这样做或许工作起来更有干劲!""假如这样做不是更好吗?"团队管理者若能用心倾听员工的各种建议,使得他们心中获得满足,如若是采纳了他们的意见,他们更是会产生一种主人翁的责任感,更加努力地为团队工作。

陈平是个沉默寡言的人,每次在团队座谈会上都是避而不谈。但是有一次,他竟然将蕴藏于心中一直想说又不敢说的建议全部说了出来。或许是因为长久以来一直深思熟虑的原因,他所提出的意见极有道理,一致获得了领导与同事们的认可。在那一霎时,他觉得勇气倍增,信心满满,在后来的团队活动中也能积极参与了。

无论多么微小的建议,如果作为上司的你能够对员工说"啊!你的意见

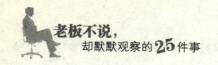
很好。"并接受其意见，那么对于下属将会是莫大的鼓舞，他的积极性也必然大为提高。要想使团队走向成熟，其中一个根本途径就是，善于采纳员工的意见。

日本富士电机制造公司在这方面为大家做出了很好的榜样，他们正是因为深谙此道，才会不断发展，最终成为世界著名的大公司。富士公司非常注重发挥员工的聪明才智，据统计，近些年富士公司在每年都会收到员工提出的关于改进的近100项建议，这在日本也是首屈一指的，而且这些统计数据还是仅指实施后有效果的建议。对于那些只提想法，没有实施或是实行之后没有多少成效的建议并没有计算在内。正是这样的氛围，才使得富士电机制造公司员工能够全心全意地投入到工作中，尽职尽责地工作。

许多人恃才傲物，不愿请教他人，这在现代公司里斯通见惯，不愿承认别人比自己懂得多，无疑是一种逃避而又非常愚蠢的心理。成功的人之所以能够取得成就，就在于他们能够不断地勤学好问，对于不清楚的、不知道的事总要问个为什么。

做任何事有个方向问题，工作中更是如此。向着正确的方向，就会事半功倍，如果走错了方向就会事与愿违。由此看来，找到正确的方向是十分重要的。但遗憾的是，如果仅凭我们个人的能力和经验，恐怕可能无法迅速而准确地找到正确的方向。人们总是会对全新的、完全陌生的工作感到不知所措、找不到头绪。即使曾经做过的工作，在新的情况下，我们也未必能找到最准确的方向，采取最快捷有效的方法完成它。那么，得到别人的帮助是此时我们所必需的，善于向那些经验更丰富、能力更强、见解更独到的同事请教，并且抱着感恩之心真诚地对待同事的建议和批评。虽然，这些批评和建议不那么中听，也要认真地对待，正确面对。

美国电力公司的老板斯泰因麦兹说："如果一个人不停止问问题，世上就没有愚蠢的问题和愚蠢的人。"他总是在对自己的员工说：想要从工作中成长起来，那么唯一的方法就是发问。我们只学我们要学的，对于问题，那是你想要知道它答案的事情，而正是这种强烈的求解心，才会使你将它牢记在心中。因此，能够时时产生问号的头脑一定是一笔很大的财富。这些问题让成功者更加成功，让平庸者走出目前的低谷。

一种非常宝贵的素质，就是向专业的人士请教自己不明白的问题。它可以提升我们的能力，拓展我们的知识面，使我们的工作能力变得更强。而且，更为重要的是，当向他人求解时，还有利于我们获得良好的人际关系。当你向同事或是其他人寻求帮忙、请教时，往往能够满足对方心中的那种成为重要人物的渴望，而你的请求，能使他觉得自己很重要，因此会有利于你们以后的合作和友谊。

有时，我们并未主动请教，当别人对我们的工作提出相关意见时，就是在给我们"指教"。这时，千万不要对这种意见产生反感，或是觉得厌恶，无论意见是对是错，我们都要真诚地表示感谢，并客观地评价这些建议。在建议中蕴藏着价值，主要在于你的挖掘，它们或许为我们提供一个崭新的工作思路，或许为我们开辟出一段崭新的职业生涯。

学会倾听别人对自己的建议，是一种对他人经历、智慧、眼光、见识、创意的学习和吸收。通过这种方式，我们能够不断地改进自己，提高自己的能力。反之，如果自以为是、目中无人则无法得到这笔财富。

李晨在一家贸易公司工作，1个月前被公司派往俄罗斯开发当地市场。接到公司工作安排后，李晨很快策划了一份市场开发方案，并在开会讨论时将自己的方案简单地向参会者讲解了一遍，方案顺利通过。回到所在部门后，他手下的业务精英对方案提出一些疑问和合理建议，可是李晨却傲慢地说："我在开发各地市场方面干了这么多年，我制定的方案肯定没错，还用你给我指指点点的？不用再讨论了。"结果，公司很看重俄罗斯市场，于是在这个项目上付出了巨大的财力、人力、物力代价，但并未如愿地提升当地的市场份额，李晨也因此受到了降职处分，然后，公司重新安排人员顶替他的职务，开发这片市场。

新上任的刘丽深知集合众人智慧的重要性，因此她一上任就安排业务员对当地市场进行调查，然后汇集所有负责俄罗斯市场的员工进行讨论。在

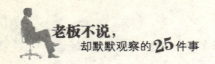
会上，她把自己拟定的市场开发方案拿出来，让大家根据各自考察的情况来讨论这份方案的可行性。每个业务员都热情高涨地发表自己的意见。刘丽对其中的一些好的建议记了下来，并进一步完善了方案。最后，制定出一个稳妥可行的方案，依照这个方案执行，很快，公司就在俄罗斯市场上取得了成功。

从这个例子可以看出，善于利用集思广益是多么的重要，任何人都应该学会从别人的建议中汲取智慧，从而帮助自己取得工作上的进步。

提高个人技能，不做团队的短板

对于木桶短板的理论我们可能都不陌生：想使一只水桶盛满水，必须使组成它的每块木板都一样平齐、无破损，如果有一块不齐或者某块木板下面有破损，这只桶都没办法盛满水。也就是说，一只水桶能盛多少水，并不是由最长的那块木板决定，而是取决于最短的那块木板。

一个企业好比一个大木桶，而企业中的每一个员工就是组成这个大木桶不可或缺的一块木板。同时，员工又好比是木桶的桶底，员工的素质和各自所掌握的知识和技能构成了这个桶底。倘若这个桶底不是坚固无缺的，那么当木桶的容量随着木板的增加而容量增大时，就可能发生桶底泄漏的情况，甚至桶底会开裂、脱落而令整个木桶崩溃。

一位某知名企业的总经理在回顾企业成长的时候十分感慨地说道：一个企业通常不会因为几个超群的、突出的佼佼者而获得强大的竞争力，而主要的是它的整体状况，特别是其是否存在某些突出的脆弱环节。

做"短板"，就会被社会所淘汰。任何一个企业的都无法容忍一个不求上进的差员工。企业往往会通过培训，不断提高所有员工的整体素质，并力争"消灭"最差的员工。但是，如果这些都不奏效，那么无所改观的不求上进者，就会毫不留情地被淘汰掉。一般而言，每一名员工都不愿意做集体中的"最短板"。首先，"最短板"的存在，对自己本身没有任何好处。公司中的最差员工是肯定不会因为自己的平庸而得到公司的奖励的。其次，"最短板"还会影响其他员工的成绩。在一个企业或部门中，成为佼佼者是任何一个有志向、有责任的员工都不断追求、不断努力的方向，而不是破罐子破摔，成为集体中的"最短板"。如果你是企业或者部门的"最短板"，那就意味着会经常受到同事们的鄙视和嘲弄，或是成为上司的负担和"泻火筒"、麻烦制造者，等等。这样的员工在企业中是不会受到尊重，被人瞧不起，也不会有升职的希望，成就自我事业更是和他无缘了。

努力使自己不做"短板"，才能成为全面的职业人。巴尔塔·葛拉西安，这位著名的智者在其《智慧书》中告诫人们："不断地完善自己，使自己变得不可替代，让别人离了你就无法正常工作。这样你的地位就会大大提高。"言语中的这种不可替代性，正是你核心竞争力之所在。

无论是同一个人，还是不同的人都适用于这个"木桶理论"。一个优秀的员工，他一定不是仅仅在某一方面具有出色的能力，而在其他某一方面十分糟糕的人。因为他那十分糟糕的一面，会给他的综合能力大打折扣。如若你不重视对较差方面的积极改进，提升相关的能力，那么它很可能会给你的前途设置障碍，而使得你优秀的一面也无法施展。

从某种意义上讲，一个组织也好，一个人也罢，都不是凭某一方面的超群或突出而立于不败之地，更重要的是凭借整体的状况和实力。因为，劣势决定优势，劣势决定生存。很强的竞争力和穿透力，在很大程度上往往取决于它是否具有突出的薄弱环节。作为一个组织、一个人，如果你在某一方面的关键能力真的非常薄弱，那你就可能失去了参与竞争的入场券，至于与他人分蛋糕，那是更不用提的事了。

因此，对于自己的薄弱环节要更加关注，并且努力克服，使自己成为一个全面的职业人。倘若你始终觉得自己有一方面突出优势就满足的话，那势必会因为你看不到自己的短处而被社会淘汰。

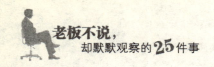

正确面对分歧，避免内耗

在一个小的范围内有限的几个人之间的非正常竞争，就是所谓的内耗。这种现象通常也指自己人打自己人，也被称为内讧。

在市场经济条件下，作为一个经济组织的企业必须参与激烈的市场竞争。而商场如战场，如果一个军队是一盘散沙，那必然会打败仗，任人宰割，与此相同，如果是一个一盘散沙的企业，那必然不会有出众的综合竞争力。如果一家企业陷入了内耗，不仅消耗了许多的社会资源，而且也会使它浪费很多人力资源。为了使我们的道路更顺畅，就应该减少内耗；为了使我们的生活会更美好、未来更辉煌，就应该避免内耗。其实，如果能有效地减少内耗，让每位员工将主要精力放在工作上，那么企业的竞争力一定会大大提高。这也是近年出现很多成绩斐然的私营企业的重要原因之一。

当然，减少企业内耗是一项极其复杂的系统工程，是需要我们从不同的管理角度、不同层次的管理层面下大力气，做艰苦而细致的工作的。因此，有人会说"减少内耗谈何容易！"不可否认，这确实是一件艰巨而长期的任务，可是，事在人为，问题总是可以解决的。近年来，对于内耗，一些企业已经从组织结构、管理理念、企业文化、考核指标和制度建设等多方面做了综合治理，并取得了一定的效果。以下方面值得企业借鉴：

1.注重时效、树立目标导向的企业管理理念

在企业内部明确提出，没有阶级敌人，并且必须摒弃阶级斗争的观念，建立起新理念。响亮地提出，不要凭借自己的喜好与厌恶简单地评价一个人的好坏；不要遇事钻牛角尖，或是怨天尤人；不去纠缠旁枝末节或是外部环境的是非对错；不以自己的个人喜好去评论他人的好坏，要尽善尽美地实现工作目标；要能够化消极为积极、化不利为有利、化腐朽为神奇、化干戈为玉帛，要成就在美国西部的拉斯维加斯戈壁滩上建起金碧辉煌的城堡，要能够在任何超乎寻常艰难的环境下都做出业绩。

也许刚开始的时候，少有人能够接受这个理念，但随着时间的推移，这种观念会越来越受人认可，并且潜移默化地影响着人们的行为方式。最终会使员工们逐步形成注重时效、团结一心干事业的精神。

2.企业领导的考核应该突出生产力目标

企业中的主要领导人应该以业绩为主要考核点，重点是年度目标的完成状况。对完成任务好的企业予以表彰，对不能达到任务要求的要坚决给予处分甚至降职。通过业绩考评，让干部能上则上，不行就下，待遇也是能高能低、员工能进能出。对于干部的考评、任免，除了工作标准以外没有其他标准，倡导领导干部之间没有其他任何关系，除了工作关系，坚决反对各种形式的小团体主义，要在全体员工中树立贡献之风，树立一心为企业的正气。

3.组织结构设计要明确

行政首长负责制是很多企业经营班子所采取的制度。总经理要对生产经营活动以及工作目标完成情况负全责的。同时，副职要积极配合正职做好工作，相互支持。如果副职与正职之间产生矛盾并闹得不可开交，那么副职将无条件免职。经营班子的决策责任是必须落实到个人。董事个人负责董事会上的集体决策；总经理负责总经理办公会上的集体决策；总经理没有一票肯定权，但有一票否决权，等等。最终要形成职责明确、责权分明的格局，以此来避免内耗的组织管理体系。

4.建立令"小人"无法为所欲为的制度

在我们的工作和生活中，很多人都有过为"小人"所累的经历，在集体中、在单位里都有被"小人"污染的状况。而且，许多内耗也是由小人挑起的。如今，在企业内部尽管我们仍然无法消除"小人"，但也可以采取一些有效的措施，让小人造成的负面作用降到最低，让小人为其所为付出代价。

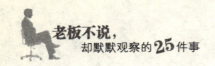
共同承担，共同分享

> 团队成员相互学习的过程，就是彼此思想不断交流、智慧之火花不断碰撞的过程。英国的著名作家萧伯纳曾经说过："两个人各自拿着一个苹果，互相交换，每人仍然只有一个苹果；两个人各自拥有一个思想，互相交换，每个人就拥有两个思想。"

在一个团队中，每个成员都能把自己掌握的新技术、新知识、新思想一起分享于大家，那么集体的智慧势必大增，也就发生了一加一大于二的效果。团队的学习力是会大于每个成员学习力之和的，团队智商也会大大高于每个成员的智商，这就是整体大于部分相加的道理。

员工与企业有着密不可分的联系。你是这个团体的一分子，你已经融入到这个团体中，你的言行代表了团体，也会对团体产生正面或是负面的影响。如果一位员工不能诚实、公正地做一件工作，那么他所在的团队就可能受到污染，甚至会给企业带来损害；如果一位员工缺少团结协作的精神，即便能在短时间内取得一定的效益，但也一定不能带来长远的利益。因为，只有当团队的利益得到增值，推广了团队的声誉，那么作为个人角色的员工才会受到礼遇。

倘若你是一名企业家，是无法单凭个人的力量建立起成功的企业的。要想实施一个计划，需要很多人的支持。不管你是组织内何种级别的领导者，都必须清楚地明白怎样做才能对激励身边的人有所帮助。也就是说，你必须要懂得怎样下达命令，以及如何使下属适时地接受命令。你需要运用建设团队的技能，应该始终将自己看成是团队中的一员。对于组织内部总是以"我"为中心的个人要特别提防，一旦"我"变得比"我们"更重要，那你的企业、团队就会蒙受不可估量的损害。对于那些无法适应团队合作的人，要尽早请他们离开。应该时时铭记，团队中没有"我"这个字眼。

我们经常可以看到，当企业遇到难题要解决时，一些员工开始推三阻四，开始找各种借口去推脱，这是非常不利于企业解决问题的。

在深圳的一家电子仪器设备厂曾经发生过这样一件事，某年，该厂的原料供应商出了事故，导致原料供应推后了半个月。为了不破坏合同上的时间规定，厂领导决定实行三班制，力争在合同期内提供所有成品。就在这个危急时刻，有一部分员工提出："我加不了班，因为身体不好"、"因为孩子太小，我家晚上不能没人"、"我不想受这个累，我不差这点儿加班费"。就因为这些，厂里只得实行两班制，并且取消了夜班计划。

因为时间紧迫，仪器厂没能在规定的时间内完成任务，货主按照合同规定，扣除了25%的违约金。厂方因此遭受到损失，对于职工本人也只能是落得个年终奖大大减少的后果，直到此时，这些员工后悔极了。

20世纪70年代，因为在世界范围内发生了石油危机，引发了全球性的经济大萧条，日立公司也未逃过此劫。公司首次出现了严重的亏损，困难重重。为了应对这种颓势，日立公司出台了一项骇世惊俗的人事管理决策。1974年下半年，将近70万名工人差不多是全公司所属一半以上的员工，需要暂时离厂回家待命。1975年4月，日立又将这批待命回家的工人上班时间推迟了20天，这使得刚进公司的新员工一进公司便产生了危机意识，产生了很强的紧迫感。对于公司的决定，每名公司员工都十分理解，他们不但没有怨声载道，而且处处以团体的利益为上，反而更加奋发努力工作，最终日立得以重振旗鼓。与此同时，这些员工也得到了最大的实惠。

可见，团队与个人的利益是在统一基础上的利益，当你将团队的利益放于高于一切的位置上，并且认真服从组织所作出的正确决策，你个人的利益才能在企业进步的同时得到最大化。

20世纪70年代，丰田等公司开始把团队精神已然写进了管理过程中，并且取得了很大的效应。与此同时，通用电气、诺基亚、波音、可口可乐、惠普、摩托罗拉等众多知名企业也都特别强调团队精神。注重团队精神，已成

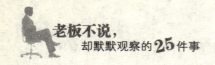
为时代发展的必然。虽然很多西方国家的人很崇尚个人价值，但在一个集体中，在一个企业、一个组织里面还是非常遵循个体服从整体的原则，唯有这样才是对团队精神与人个价值的正确理解。

树立以团队利益为重的思想已经是大势所趋。从企业发展的大局出发来做任何事情，对于有利于公司发展的事要专心、主动地去完成它，并力求尽善尽美。同时，要深刻领会"一荣俱荣，一损俱损"的含义，要尽可能地把事情做好，切不可坐失良机。在团队中，将"我为人人，人人为我"的思想作为共勉。

团队成员对团队要有强烈的归属感，不要将自己是团队的一员行于表面，要坚决不做有损于集体利益的事情，要极具团队荣誉感，反对个人主义、本位主义，要心甘情愿地实现集体的目标。反对"山头主义"，在个人利益与团队利益相冲突时，毫不犹豫地将个人利益服从于团队利益。如果想成为一名优秀的职业人，就应当把团体利益放在第一，这样才能在工作中取得更大的成绩。

在企业内部，上下级之间、部门之间、平级之间都关系着供应链，这种联结关系只有通过相互协作、共同努力才能圆满地完成。对于一个好的企业或者一个好的部门，就要不断地自我调节，才能把摩擦问题降到最低点。对于处于边界的问题，我们千万不要采取"踢皮球"、"守球门"的态度；而应该积极地将这种边界问题尽量在自己能职范围内加以解决，为其他部门、为下级、为承接者创造好的工作条件。

在日常工作中，事情总不是那么十全十美的，而一些细节又是关键的环节，可能容易被人们疏忽或者遗漏。因此，我们更应该发扬团队精神，主动为他人、为相关部门提供优质服务，竭尽全力帮助他人解决难题，才能够保证整个公司在竞争中立于不败之地，也为个人的发展提供更好的发展空间。

第 19 章

你是否一心为公、对老板忠诚

忠诚是一种美德，因为忠诚能给你带来你当时看不到的"无形回报"——信任。要赢得老板的关注，不仅要靠过硬的专业技能，还需要有赢得老板信任的人格魅力，增加人格魅力的一种因素就是忠诚。当你能够对自己的上司、对你的团队、对你所在的企业足够忠诚，那么机会就会降临到你的身上。这样你就获得了难得的锻炼机会。更重要的是，你的个人品牌也会因为忠诚而增光添彩。

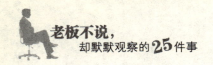
忠诚是一种职业生存方式

我们常说：职场犹如战场。那么，身在职场中的每个人，就因该拥有一份忠诚，并把这种忠诚作为一种职场生存方式。

在英国一家权威医学杂志上公布了这样一项美国军医的调查报告：报告显示部署在亚洲某地的美国海军陆战队，有90%的士兵曾受到过攻击，很多人都目睹过战友阵亡或受伤。因为面临这种危险和紧张状态，这些队员的心理健康都受到了严重的损害。该调查表明，有1/6的士兵在任务结束后出现了不同程度的心理问题。这一比例与"越战"时期不相上下。

尽管如此，军人们还是会将加入海军陆战队视为一种崇高的荣誉，而且愿意为维护这种荣誉而去参与残酷的战争。现年45岁的军士长、已在军中服役27年的丹尼尔说："为了能与战友们一起出征，我将退役时间推迟了。因为如果我于战前退役，那我就不算是一名真正的海军陆战队员。"

加入海军陆战队，在某些队员来看有点儿像皈依某种宗教，他们必须虔诚并为之献身。就像蒂莫西这位38岁的少校所说："不管你是出于什么目的加入海军陆战队，一旦加入就意味着你认可我们的价值观、我们的历史以及我们的光辉传统。"这些话语无疑都表明了美国海军陆战士兵的一种高度的忠诚感，因为每名士兵都忠诚于自己的军队，因此他们并不惧怕死亡。难怪有人评价说："'永远忠诚'在美国海军陆战队并不是一句空的座右铭，而是一种生活方式。"

在当今这样一个竞争激烈的年代，实现自我价值、谋求个人利益是天经地义的事。但是，这种个性解放、自我实现，并不与忠诚和敬业相对立，而是相辅相成、缺一不可的关系。许多年轻人以玩世不恭的态度对待工作，总是频繁跳槽，在他们看来，工作是在出卖劳动力；对于那些敬业精神、忠诚者，他们总是认为可笑,将工作视为老板盘剥、愚弄下属的手段。

现代管理学普遍认为,上司和下属是一对矛盾的统一体,从表面而言,他们彼此之间存在着对立性。从老板而看,他们希望减少人员开支;从员工来看,他们希望获得更多的报酬。但是,从更深层次来看,两者又是和谐统一的:公司需要有能力的忠诚员工,这样业务才能有所发展;员工也必须依赖于公司,才能获得物质报酬和相应的精神需求。因此,公司的生存和发展应该具备敬业和忠诚的员工,这是从老板而言;对于员工来说,充足的物质报酬和精神上的成就感也离不开公司提供的平台和空间。

忠诚是职场中最应值得重视的美德,所有员工都应该对企业忠诚,因为这样才能发挥出团队的力量,才能劲往一处使、拧成一股绳来推动企业走向成功。一个公司的生存是需要绝大多数员工的忠诚和勤奋,而并不是少数员工的能力和智慧。

通常情况下,一个老板在用人时更加注重个人品质,而不仅仅是个人能力,而品质中最关键的一点就是忠诚。在职场中,并不缺乏有能力的人,可是那种既有能力又忠诚的人才确实不多见,也是每一个企业期盼的理想人才。人们宁愿信任一个能力差一些但是却足够忠诚、足够敬业的人,而对于那些朝三暮四、视忠诚为无物的人,并不会心生好感,即使他能力非凡。换作你是老板,你也会作出同样的选择的。

当你忠诚地对待你的上级,他也会同样地真诚对待你;当你的敬业精神增加一分,别人就会对你多加一分的尊敬。只要你真正表现出对公司足够的忠诚,不管你具备什么样的能力,你都会赢得老板的信赖。这会使你的老板乐意在你身上投资,给你提供培训机会,当你的技能提高时,他会很欣慰,因为他认为你是值得他信赖和培养的。

我们要用努力工作的实际行动来体现对老板的忠诚,而不是耍嘴皮子。我们除了做好分内的事情之外,应该积极地表现出对公司事业兴旺和成功的兴趣;无论什么情况,都应该像看管自己的东西一样好好照看公司财产。另外,我们要由衷地佩服老板的才能,认同公司的运作模式,时时与公司发

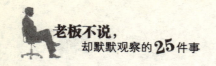

展保持同步。即使出现分歧，也应该求同存异、化解矛盾，树立忠实的信念。当老板和同事出现错误时，应该适时地坦诚地向他们提出来；在公司遇到危难的时候，应该不离不弃、同舟共济。

如果你觉得上司是一个心胸狭隘的人，不会理解你的忠诚，对你的忠心并不珍惜，即便如此也不要因此而产生抵触情绪。正所谓人无完人，老板是人就会有缺点，在有些时候因为不够客观而无法对你作出公正的判断，此时你应该学会自我肯定。首先做到竭尽所能，问心无愧，这样你并不吃亏，因为在不知不觉中提高了自己的能力，同时争取到了未来事业成功的砝码。

要在一个社会机构中奠定自己的事业生涯，就要融入其中，就要抛开任何借口，投入自己的忠诚和责任心。要时刻提醒自己：一荣俱荣，一损俱损。将身心彻底融入公司，处处为公司着想，并且尽职尽责工作。对投资人承担风险的勇气报以钦佩，同时要能够体谅、理解管理者的压力。

忠诚是一种职业生存方式。如果你选择了一个公司、一个老板而工作，那就真诚地、负责地为其工作吧；如果我们获得了他付给的薪水，让你得到温饱，那就毫不吝惜地称赞他、感激他，同时要在日后更加支持他，多从他的立场及所在的机构角度考虑问题。

忠诚是永不过时的职场王牌

每一位员工值得具备的品质就是忠诚。这种高尚的美德能给你带来暂时看不到的"无形回报"——信任；能够为你赢得老板的关注。如果你已经拥有过硬的专业技能，还需要让老板信任你的人格魅力，那么忠诚无疑是最好的选择。

一位美国专家对几十名成功人士做过这样一个调查，结果发现：决定一个人事业成功的诸多因素中，有 20% 来自于这个人的知识水平和能力大小；

有 40%是技能，有 40%是态度。但是 100%的忠诚是最终获得成功的唯一途径，因为它是自我能够得以展现和创造价值的保证，它使你成为企业真正需要的人。因此，一位日本的成功人士曾无限感慨地说："我之所以成功，就是因为忠诚。"

无论是以什么样的身份出现在一个企业中，对企业的忠诚都应该是一样的。很多时候我们强调对企业的忠诚，主要原因就在于无论对于企业还是个人，忠诚都会给你带来利益。其实，每位员工的价值在老板那里都会有一个评判，老板对于员工是否忠诚，都是看在眼里的。如果你能忠于职守、做好自己该做的，那么老板也一定不会让你失望。

有一个公司老板聘用了一位年轻的司机，年轻人只领取属于自己的那一份酬金，但是他并没有仅做分内的事，他并不满足于此，而是经常为老板寄发一些信件、处理一些棘手的的问题。这样一来二去，他对公司的业务了解了很多，渐渐地，当老板有事情脱不开身时，他就代办一些事务。有时和老板应酬后，他并没有回家而是回到办公室继续工作。就这样他不计报酬地干一些并非自己分内的工作，同时还把这些分外之事做得井井有条。

有一天，公司负责行政的经理因故辞职，老板二话没说就想到了他。因为，老板觉得他之前任劳任怨地做了很多工作。虽然升了职，但是年轻人并没有放松自己，依然像之前一样努力地工作。在没有任何报酬承诺的情况下，他依然不懈地锻炼自己，使自己在新的岗位上能够胜任，并且使自己变得不可替代。

有人认为：无私的奉献就是忠诚，这对我个人来说，哪来的好处？我对别人忠诚，谁对我忠诚？老板会因为我的忠诚而多给我钱吗？如果你抱着这种想法，那你在工作中应该不会有好的工作态度。而一个员工的工作态度、他是否能把自己投身于公司、是否以公司的事业为自己奋斗的目标，其所能做出的成绩和发挥出自己的才能是大有影响的。

踏踏实实做事，在心中有忠诚奉献的意识，同时能够将这种意识付诸行动，哪怕你只是才智平庸，也会在工作中不断地磨炼成长。通过自己的努力，

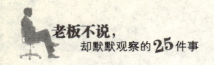

当你的能力达到一定程度的时候，就必然得到老板的赏识。如果你对公司没有归属感，而整日想着跳槽，那么用心必定不专、神思必定恍惚，虽然你可能具有很强的能力，但可能因为缺乏老板对你的信任而难发挥出一二。

托马斯·杰克逊曾说："敢于行动而且忠于职守的人一定能够成功。"一旦养成对事业、对公司忠诚的品质，就会慢慢累积职业责任感和职业道德。而任何一个公司、任何一个老板都最需要这种道德和品质。无论你在任何地方，只要你拥有了这些品质，就会很快得到老板的信任。当你得到老板的信任，老板就会把你作为培养的对象。当你经过一段时间的培养并且具备一定的能力时，你的发展空间也必将更加广阔。能够如此一步步地前进，你所拥有的成功砝码就会更多。

读过《史记》的朋友或许还记得这样一则故事，它能很好地说明忠诚与信任的关系。

季布原来是项羽的部将，骁勇善战，是一个令刘邦非常伤脑筋的人物。汉高祖灭项羽之后，曾经悬赏重金要季布的首级，并且颁布命令：对于窝藏季布的人，一律灭其三族。

后来季布乔装并以奴隶的身份藏匿在朱家。当朱家知道实情，非但没有举报，反而对他特别礼遇。有一天，朱家拜访汝阴侯夏婴说："季布有什么样的罪过，要如此急急地追杀？"

"季布仕宦于项羽时，能力非凡，总是造成圣上的困扰，陛下对他憎恨有加，所以无论如何都要捉到他。"

"您对季布是怎么看的呢？"

"嗯，他是一个很伟大的人。"

"作为臣子为了主公鞠躬尽瘁，这是义务。季布效忠项羽也是忠于自己的职责。就因为季布曾经忠于项羽，就要对这样的贤能进行追杀吗？天下平定，汉高祖身为一国之君，如果是为了一己的私怨而不停地追杀以前的敌将，难道不是在世人面前显示自己的度量狭小吗？"

夏侯婴觉得有理，就将这番言论上书给了汉高祖，刘邦考量后最终决定赦免季布，并且重用他。

历史上，季布常常受项羽的指派率领军队与高祖对阵，并且常常让汉高祖刘邦吃败仗，这让刘邦很是难堪。因此，在战乱平息后刘邦对季布恨之入骨也是情有可原，但最终能够赦免季布，而且还对他委以重任。这些都说明了一个问题：一个是忠诚，一个是才能，这二者打动了刘邦。

季布在项羽手下的时候，项羽是他的"老板"，他当然要为项羽建立战功。作为手下，他不仅忠于老板，而且恪尽职守。正因为他对项羽的忠诚，才会赢得朱家对他的尊敬，也才最终赢得了汉高祖的信任。刘邦认为，季布能够对项羽忠诚，如果做了自己的手下，也一定会效忠自己。同时，季布是一个如此有才能之人，不重用很是可惜的。

我们可以看到，一个人的忠诚在有些时候是生死攸关的砝码，同时会为自己赢得机会而不是失去。除此之外，这种忠心还会赢得别人对你的尊重和敬佩。

如果你忠诚地对待你的老板，总会获得老板对你的注意，他会认为你就是一个肯与公司同进步的人才。一旦有发展的机会，出于对你的信任，老板也会第一个想到你，给你提供锻炼的机会。此外就是，这种忠诚会为你树立个人品牌，而且这种个人品牌是永远都不会贬值的。

与老板同舟共济，与公司荣辱与共

公司就像是一条船。如果你加入了一家公司，你就已然成为这条船上的一名船员。那么，这条船是满载而归还是触礁搁浅，可能会取决于你能否与船上的其他船员一道齐心协力、同舟共济。

每一个人都应该把自己服务的组织看成是一艘船，并且是承载自己的船。如此一来，你就会用心去打造属于自己的"船"，并且会将你的上司、同事

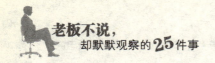

当作是与你同舟共济的伙伴。作为同一艘船上的合作者，只有每一个人都努力做好自己的工作，才会使得船只前行。将个人的命运与这艘船相维系，紧紧地捆绑在一起，能够与它同生死、共命运。这样你不但要为你的船倾其所能，还要保护你的船，不要让它在中途抛锚。

将公司看作是自己的"船"一样的人，会自觉地处处关心企业的利益，荣辱与共，他们深知"一荣俱荣，一损俱损"的道理，当为企业带来财富的同时，也为自己拓展了发展空间。

每一个企业都需要与之共命运的员工，能够将自己的利益与集体的利益紧紧地联系在一起，并且认为关注集体的命运就如同关注自己的生命一样重要。这些员工在工作中，特别是当公司面临困境的时候，就会在强烈的使命感和责任感的驱使下充分地展现自己的能力。一个面临倒闭的企业只有具备这样的员工，才能渡过难关。

优秀的员工，都拥有与所在公司同甘共苦的精神。在任何时候，都会将自己的利益与企业的利益联系起来。在他们的工作中，除了做到尽职尽责外，还会在关键的时刻挺身而出，为企业尽己所能。

一个叫刘楠的小伙子，他最初选择到一家只有二三十人的小公司，这家公司主营计算机配件制造，他的老板李想只是一个比他大3岁的年轻人。

就在刘楠到公司的第三个月时，公司接到了一个大的订单，是为一家大的计算机公司加工50万张硬盘。这样的单子对于当时的公司来说，已经算是超级订单了，因此这笔订单是否能够顺利地按时完成，对公司日后的发展事关重大。公司将全部的资金都投入到这个项目中去，并且上上下下都开始忙碌了起来。然而，天有不测风云，一方面由于自身技术的缺陷，另一方面由于管理的疏忽，所生产的全部硬盘有十分严重的质量缺陷，所以被全部退货。这对于刘楠所在的小公司来说是一个致命的打击。公司不但没有赚到钱，反而因为前期的投入而背上了银行的债务。在一段时间内，银行的人不断上门来催还贷款。

后来，公司连支付水电费都成了问题。但老板李想并不放弃，还是到处筹借资金给员工发工资。之后，李想召开了一次会议，向员工阐明了公司面临的窘境，同时希望现有的职员能够和他共同来应对这场困难。在了解到公司的境况后，很多职员都选择了辞职。还有一部分员工认为公司走到这一步，李想这个老板应该负全责，并向李想索要失业赔偿金。这其中还不乏有平时对李想表示过忠心的人，为此李想感到非常受伤害。于是，他毫不犹豫地在他们赔偿协议书上签了字。这样一来，那些原本观望并没有一定打算索要赔偿金的员工，也纷纷要求赔偿，无奈之下李想也都满足了他们。

当看着平日里那些称兄道弟的下属提着自己的东西离去时，李想感到特别的孤单，他以为公司就剩下了他一个人。可是，当他走出自己的办公室，却惊奇地发现还有一个人在办公室里坐着，他就是刘楠。其实，平时刘楠与自己接触甚少，他也很少和刘楠交谈。李想非常受感动，就走到刘楠面前对他说："你为什么没有向我索要赔偿金呢？倘若你现在索要，我一定会双倍赔付。虽然我现在身无分文，但我相信周围的朋友会借给我。"

"赔偿金吗？"刘楠笑了笑，"我压根就没有打算离开公司，怎么会向你要赔偿金呢？""你为什么不打算离开？"李想显得非常惊讶，"难道你觉得公司有希望吗？说心里话，我自己都失去信心了。"

"您是公司的老板，您在公司就在，咱们公司还大有希望。我是公司的员工，公司既然还存在，我又要去哪呢？"刘楠说。老板李想被深深地感动了："有你这样的员工在，我应当赶紧振作起来！但是，我不忍心你和我一起吃苦，现在公司已经破产了，你还是去找新的工作吧。"

"老板，我是在公司发展好的时候来到公司的，我愿意留下来和您一起吃苦。如果今天我走了，这太不道德了，不能因为公司有困难就要离开呀！只要你没有宣布公司关门，我就有义务留下来。刚才您不是说周围的朋友会帮你吗？那我就是其中的一个呀！我可以不要一分钱。"

因为刘楠的坚持，他还是留了下来，并把自己的积蓄都拿出来给了李想。李想为了偿还银行的贷款和员工的赔偿金，不仅将加工车间和所有的设备卖掉，就连自己的私家车也卖掉了。

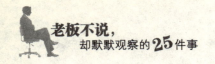
后来，他们转变了经营的重心，并成为一家软件公司的代理商。这样一来投入较小，公司很快就有了转机，在忍受了半年的艰苦日子后，两个人的公司终于开始盈利了。并且很快进入了快速的发展期，一年多后，公司就成为一家盈利上千万美元的企业。

一天，刘楠与李想在一家咖啡馆里喝咖啡，李想感慨地说："最困难的时候，你给了我最大的帮助。那个时候本就想把一半股权交给你，可是当时并没脱离困境，怕拖累你。现在不同了，公司起死回生，是时候把它交给你了。而且，我真诚地邀请你出任公司的总裁。"李想说着，拿出了早已准备好的聘书和股权证明书一起交给了刘楠。

在一个企业里，老板始终是掌握发展方向的人，是决定企业存在与否的人。因此，能够与老板同舟共济、共患难必将得到老板最大的信任与回报。

任何时候都与企业共命运，并将自己的利益与企业利益始终捆绑在一起，这样的员工是每个企业十分渴求的。他们能尽心尽力地为企业效力，从而为所在企业增加更多的收益。也正因为如此，他们的潜能才能充分地展现出来。要想成为任何企业都想要的员工，要想成为不可或缺的优秀员工，首先是能够与公司共患难。

有时候忠诚胜于能力

在职场，可能有的人认为，能力是第一位的。但是实际上，仅凭能力远远不够，还需要忠诚，而且在某种程度上，忠诚注注起着关键作用。正如阿尔伯特·哈伯德说："如果能捏得起来，一盎司忠诚相当于一磅智慧。"

如果你希望得到老板的赏识，在任何一个公司里，想要得到升迁的机会，首先就是你必须忠诚于他。无论你的智慧多么不俗，无论你的能力多么超人，没有忠诚，就不会有人放心把最重要的事情交给你去做，那么你又怎么会成为公司的核心力量？

为了一己之利而牺牲公司的利益，这样的人无论在什么样的公司都不受欢迎。当你出卖公司利益的同时，更是失去了做人的尊严。哪怕从你手中获益的人，也难免在心中对你产生鄙夷。

公司究竟期望什么样的员工呢？可能答案会是："德才兼备，并且以德为先，忠诚第一。"

日本的索尼公司在录用人员时有这样一个原则："请拿出你的忠诚，如果想进公司的话。"每一个进入索尼的应聘者都会遵循这个原则。索尼公司认为：一个不忠于公司的人，即使有很大的能力也不能委以重用，因为他可能为公司带来比能力平庸的人更大的破坏。

松下幸之助认为：员工的能力只需要 60 分，更重要的是员工要有工作热情，要对企业忠诚。

在任何企业里，都存在一个无形的同心圆，圆心周围是忠诚于公司、忠诚于老板、忠诚于职位的人，而这个圆心就是老板。那些离老板近的人，就是忠诚度高的人，这并不代表他的职位就高。很多高层管理者天天和老板打交道，可是不一定能得到老板的信任，这在很大程度上是因为忠诚度不够。很显然，越靠近同心圆圆心的人，越可能获得事业的发展和稳定的回报。

陈沙是一家公司的秘书，他的主要工作内容就是整理、撰写、打印一些材料。许多人都说陈沙的工作单调乏味，但他不觉得，在他看来，自己的工作很好。他说："检验工作唯一的标准就是你自己能否达标，而不是别的。"

陈沙是个有心的人，整天做着这些工作，他发现公司的文件中存在很多问题，有一些甚至与公司的经营运作有关。于是，除了每天必做的工作之外，陈沙还认真地搜集一些资料，甚至是过期的资料。他将这些资料整理分类，并进行必要的分析，同时写出建议。为此，他还学习了很多有关经营方面的知识。最后，他把打印好的分析结果和有关证明资料一起交给了老板。

起初老板并不在意，可是一次偶然的机会，老板仔细地读了陈沙的建议，不禁十分吃惊，他没想到这个平常毫不起眼的小秘书居然如此关心公司

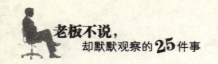
的发展，而且这样心思缜密，而且他的分析井井有条、细致入微。于是，对他的建议选了一些可行的进行实施，取得了好的效果。

老板因为有这样的员工感到骄傲和欣慰，渐渐地对陈沙委以重任。虽然陈沙觉得自己差得还很远，而且觉得自己只比正常的工作多做了一点点。但是，老板却觉得他为公司做了很多很多。在公司来看，非常需要像他这样兢兢业业、热情饱满而又不动声色的职员。

故事中，老板对陈沙委以重任是合理而应该的，其实在公司里一定有看起来比陈沙更有才能、更适合陈沙的人来委以重任。但是，可能就是因为他们缺少像陈沙那样的一点点的忠诚、一点点的责任和一点点的热情。

在这个世界上，有能力的人并不少见，但是既有能力又忠诚的人才却不多。在能力和忠诚面前，人们宁愿选择后者。哪怕你能力非凡，只要不够忠心就很难得到上司的赏识，因为在他看来你不够让人放心。所以，要清楚地认识到能力与忠心孰轻孰重。

急上司之所急，忧上司之所忧

上司是和你一样的人，你有烦恼，他也有头疼的事。在困扰的时候，他也希望别人能够帮助他解决问题。因为渡过难关、相互协助是每个人在困难时都渴望得到的。因此，聪明的你，在这时就要想上司之所想，急上司之所急。

十六国时期，王猛任前秦的宰相。王猛从小家里贫困，靠贩卖畚箕过日子。当时，虽然很多关中士族嫌他出身低微，对他瞧不上眼，他毫不在乎。后来迁居华阴山。他很喜好读书，尤其是兵法方面，是位知识渊博、很有谋略的人才。

公元354年，东晋派大将桓温攻打前秦，兵至关中。当时前秦东海王符坚带领秦军奋力抵抗，但是却连连失利，无奈之下退守长安。可是晋军已经到了离长安不远的漏上(今西安市东南),却按兵不动了。在大家都为桓温的用意苦思冥想的时候,一个穿着一身破旧短衣的读书人来到军营前求见桓温。桓温是个求才若渴的人,听说来了个读书人,于是很高兴地接见了他。将士们见身穿破旧短衣的王猛走进营帐,行动举止不拘小节,怎么也不像是个读书人,并且开始在心里嘲笑他。桓温也觉得很纳闷,便想试试王猛的学识才能,于是请他谈谈当今天下的形势。

提起这个话题,王猛便滔滔不绝地谈论起来,他一面谈着,一面不自觉地抓着自己身上的虱子。瞧着他的样子,将士们差点笑出声来,但王猛却旁若无人,依旧跟桓温谈得起劲,他将南北双方的政治军事分析得清清楚楚,而且还提出很多精辟的见解。桓温很觉惊奇,认为江东人才恐难有与他能媲美的。

桓温又问他说:"这次我带了大军,是奉圣上谕旨远征关中,为民除害,可是却不曾有地方豪杰来见我。"

王猛淡淡一笑说:"将军不远千里而来,并已深入敌人腹地,如今长安就在眼前,您却按兵不动,大家不知道您的打算,所以不愿来见您啊。"

王猛这一番话正中了桓温的心事。原来,桓温北伐,就是想在东晋朝廷树立自己的威信,从而战胜政治上的对手。他驻军漏上,并未攻打长安,旨在保存他的实力。王猛在桓温想招揽人才时毛遂自荐,并使自己的渊博知识得以展现。最可贵的是,王猛能准确地分析出桓温的意图和想法。

后来,桓温从关中退兵,并再三邀请王猛同回江东。但是王猛还是回到华阴山过着隐居生活。但在当时他已名声大噪。公元 357 年(升平元年),符坚杀死了符生,即位称帝,号称大秦天王。王猛从中书侍郎、始平令到太子太傅、远相,仅在短短的一年里被提升了 5 次。史书称"岁中五迁,权倾内外"。

王猛后来被符坚看重,主要是他能准确地给上司符坚"把脉"。符坚仰慕他是因为桓温一事,而他与王猛"一见如故"、"一拍即合"才是后来委以重用的真正原因。他既然能如此想上司之所想,就必然能获得后来的权位了。

俗话说:锦上添花不如雪中送炭。当公司、企业处于危难的时候,能够为你的上司出谋划策为其排忧解难,不仅表现了你的忠诚,而且才能在这种想

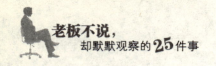
上司之所想、急上司之所急的情况下脱颖而出。

人们总是对雪中送炭之人怀有特殊的好感。某位公司主管如此说："我部门有一位员工，他总是能在我最需要帮助的情况下出现。例如：我们部门每次开讨论会，遇到纠结不清的问题的时候，他总能拿出一个让人豁然开朗的法子；我有急事需要用车，只要我一通电话，他一定到……这些小事很是让我感动。虽然事情一过去，我们又各忙各的。但是，每逢过年过节，我总是给他发个信息或者打个电话问候。"

对于身处困境中的上司仅有担忧之心是不够的，要给予切实而具体的帮助，使其渡过难关。这种分忧解难、雪中送炭的行为容易让上司感激，进而形成自己最坚实的人脉。

一位名叫科斯加的商人曾经这样总结自己的成功：站在别人的立场上思考问题。当你是一名员工时，应该理解上司、同情上司、为上司着想；当你成为别人的上司时，你要时时考虑员工的利益，不断地对他们进行鼓励，让他们感受上司在物质上、精神上都给予了帮助。

科斯加认为上述这些能够成为推动整个工作氛围趋向良性的动力。如果一名员工经常站在上司的立场上去思考问题，多为上司分忧，对上司总是心存感恩，那么他的身上就会散发出一种善意，同时影响和感染周围的人，这其中也包括他的上司。如果你能得到上司与同事们的理解和赞赏，那么地位和薪金待遇自然会有所增加。

在每天的工作之余抽出一点时间，对目前所拥有的一切而感恩，对给我们工作机会的上司感恩，并在日后的工作中能够真诚地为他排忧解难。莎士比亚曾说："朋友间必须是患难相济，那才算得上真正的友谊。"其实，这句话也适用于上下级关系。或许我们不会与上司成为"朋友"，但当你发现他身处困境时，应该义无反顾地奉献出自己的力量。在给予他帮助时，你带来的也许是他急需的物品，或许是对他的理解与支持。帮助不分多少，因为在此时这些对他而言就是久旱逢甘露，是他所渴望的。

第 20 章

你是否把自己视为公司的一分子

工作，既是竞争的环境，又是合作的环境，它们二者在辩证统一的关系中推动着企业的发展、个人的进步。合作是竞争的基础，竞争促进协作。以正当的手段和方式进行竞争，为大家共同的事业一起进步。对于个人，即便你能力过人，也要懂得以积极的热心来培养和谐的合作关系。

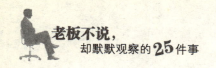
不要做孤芳自赏的职场可怜人

> 人要学会合作，要学会融入群体，任何事情的成功都不能仅凭一己
> 之力，而要集思广益取得胜利。如果你孤芳自赏只能孤掌难鸣，到头来一
> 无所获，更谈不上事业的成功了。

在今天这个强调团队精神的职场里，我们每个人都应该学会合作，要学会融入群体，在集体的力量下取得胜利。孤芳自赏只能永远不能适应变化的时代需求，无法满足职场需求。

某公司的一名职员曾经讲了这样一个故事。

以前我公司里有个同事，大家对他都是敬而远之。当年他刚进公司时，适逢公司周年庆大会，被强拉去参加表演。因为他相貌出众，口才尤好，于是一夜成名，而且引得公司里的几个小姑娘都为他怦然心动。但慢慢地，问题就来了。一有工作，他就主动出击，揽活上身。可是对于他的方案，别人不能挑一点儿毛病，否则就是"太岁头上动土"，他就滔滔不绝，非要和你一争高下，非"驳"得你哑口无言不可。如果你辩白不清，没耐心跟他多讲，他会很得意，认为你已经认输了。

不过老实说，虽然他有些自负，工作能力倒也不错。可是谈到合作，却没有人愿意。通常在合作的过程中，大家都是互相说服，取长补短，但是和他，你能有表达自己意见的机会吗？与他争不过，只好依他，最后总结项目，他又会将功劳全部归于自己。谁肯给他白出力气？于是，老板倒也英明，就让他孤军作战，遇到难缠的客户，就派他出去，因为他总能把客户说得一愣一愣的。此时，我们就故作严肃地垂下头，心里憋不住暗笑……

确实，有些人会表现出非常强的自信。本来，人应该有自信，但态度过于强硬，很容易给人"固执"、"偏执"、"刚愎自用"的印象。"超强自信"性格的形成，可能会与童年一直受到周围人不吝赞扬的环境有关,也有可能正好相反。

太注意个体的表现就容易孤芳自赏,而忘记此种行为对公司是否有好处。大多数老板不会喜欢这样的下属,就像案例中的这位同事,像这样的人恐怕很难在要求员工一个萝卜一个坑的大型企业里混得开。如果他得到了升迁做领导,则需要一批真心赞同他并且愿意为他效劳的助手,不然就算再自信也难以开展工作。有位智者说过:悲剧形成的原因有两种,一是时代造成的,二是性格造成的。

如果你多次在公司里搞到人仰马翻,那么就要好好检讨一下自己是遭遇了哪种悲剧:是你的运气不好,还是遇人不淑?更大的可能是你孤芳自赏的性格所为。

团队精神是当今职场的招牌精神

> 一个民族没有集体精神将一无是处;一个企业没有团队精神将成一盘散沙。团队精神常被人们简单地说成是:一加一大于二的力量。这是一种很强大的力量,是成功的重要因素。

要想产生整体大于部分之和的效果,就要具备团队精神。团队精神的最高境界是全体成员的凝聚力、向心力。当每个成员都能从松散的个人走向凝聚的团队,那么就形成了团队的力量。但是,向心力、凝聚力一定要来自于团队成员本身的自觉性,是他们内心动力使然,来自于共识的价值观。

处于最佳发展状态的企业,一定都不缺乏团队精神。培养一支充满团队精神的高绩效团队,是一个先进企业决策层的管理目标之一。要尽可能用相近或类似的观念、信念、价值和行为规则来统一团队成员,这是团结共进、荣辱与共的团队所必需的,并且需要公司全体人员的热心呵护。

在球场上,我们看到球星们的精彩进球,可能体现出个人英雄主义。但

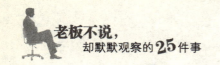

是最后的胜利都是团队天衣无缝的合作。没有前锋、中场、后卫的协同作战、同步配合，哪来的进球？场上双方都充分发挥自己的长处和优势，他们是以球队的战术和整体配合来取得胜利，而不是以激情来决定比赛的胜负。一支非常团结的队伍，离不开每名成员的贡献，才能一举夺得比赛的胜利。

职场上，团队精神无处不在。公司中的团体也有前锋、中场、后卫，并且精神的核心也是协同合作。为了使团队的工作成绩超出成员个人的业绩，需要各部分组成大于各部分之和，这才是合作要产生的一加一大于二的整体效果。当然，实际中有诸多因素会影响群体的合作效果。这会使得结果可能是：一加一小于二、一加一小于一甚至一加一的结果为负数。因此，只有消除影响团队绩效的消极因素，才能增强团队的凝聚力。

众志成城，团结共进，如果公司中的每个成员都能强烈地感受自己是伟大事业中不可缺少的一分子，是不可或缺的一块砖，那么，砖与砖之间紧密结合才是建立城墙的基础，而紧密结合就是凝聚力。企业发展的源泉和集体创造力往往是源于这种凝聚力。同时，只有步调一致，凝聚力才能发挥作用。

如何步调一致呢？形成自身的企业文化——行为习惯与行为规范，这种规范同时要能体现出团队的行为风格与准则。至于企业的规章制度、标准化，在其中可能起到辅助作用。这种文化的关键是团队的核心人物。领导权威是建立典范作用的重要因素，也就是我们常讲的以身作则。则是什么，就是规则。通过自身的言行举止对规章制度、纪律的执行，这样才能树立领导的威信，保证管理中指挥的有效性。潜移默化之中，这种榜样效应就会使员工按照企业文化要求自己，进而形成良好的团队风气和氛围。

当团队成员能够成为一分子而感到自豪和骄傲的时候，个人价值得以实现，那么每个人都愿意为自身及他人的发展付出。在此期间，正确引导团队内的人际关系，尊重个性、和谐共处、彼此宽容、相互依存、真诚待人、互敬互重、遵守信诺、同舟共济、利益共享、责任共担等是十分重要的，从而达到从自我做起的目的。

在日常工作中要保持凝聚力与团队精神，就要注重沟通这一重要环节。

畅通的沟通渠道、信息交流,能够使每个成员不会有压抑的感觉,这样工作也才更加容易出成效,目标就能顺利实现。准确的目标、好的统帅也是十分重要的因素。当个人目标和团队目标一致的时候,彼此之间就容易产生信任,士气才会提高,也才会体现出浓厚的凝聚力。作为高层要把确定的长远发展战略和近期目的适时地传达给下属,并保持沟通和协调。团队成员都有较强的事业心和责任感,就会为所在团队的业绩感到荣誉和骄傲,并乐于积极承担相关任务,工作氛围也就会最佳。

团队合作对企业的最终成功十分关键,因此团队精神的培育是对管理者的要求。有研究表明,管理失败最主要的原因之一就是与下级处不好关系。在处理日常工作、处理上下级关系上,要讲究人性化管理。对于下属要有意识地给予精神和物质方面的有效激励,这样才能激发员工的个体驱动。特别是管理知识型员工,像关怀、善用、爱心、尊重、耐心、信任,这些都不能少。

在此基础上,加以其他的领导艺术、文化修养、公平激励机制、价值观念、鼓励表扬、政策的持续性等系列要素充实,企业凝聚力与团队精神要得到很好地发扬和稳固,企业的潜在创造力才能发挥,那么整体的目标也才能最终实现。

配合上司和同事就是成就你自己

如果能够主动地帮助部门主管或上司做好相关的工作,不仅会为日后的升迁打下基础,而且还能从中学习主管或上司良好的工作技巧,可谓一石二鸟。从这个角度来讲,帮助上司成功就是获得自己的胜利,而且机会也就会光顾于你。

各种类型的上司,是我们在自己的职业生涯中一定会遇到的。好上司会教你高效的工作方法,帮助你明确职业发展方向,或许对你的为人处世也会

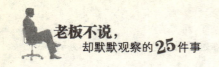

有些提携。通过这些指点和培养，你会迅速提升自己的综合素质，使自己的职业发展顺畅无忧。

具体来说，好上司会给自己的下属提供宽裕的职业发展和晋升空间。对于你的一点点成绩，他也会毫不吝啬地认可并给予赞扬，从而激发你的工作热情和动力。并在适当的时候提供展示或是晋升的机会，或加薪、或当众表扬等。而当你工作出现错误时，他会对你宽容和理解，并帮助你及时分析失误、找出原因，并鼓励你不断学习和探索。

处事公平、公正，对工作有责任感是一个好上司的个人表现；而对下属有足够的耐心和责任心，为他们提供公正平等的培训、奖励和晋升的机会是好上司管理能力的体现。对于所布置的工作、下达任务，好的上司总是思路清晰明确，并且能够坚持决定，对于工作和私人之间的关系也总是能处理得当。一个好上司具备超前意识和全局观念，并且处事果断，具有较强的人格魅力。

以上所说的是具有人格魅力的好上司，这是我们在实际中很难遇到的。多数情况下，我们对自己的上司难以满意。这就是为什么总有人抱怨自己的上司；为什么总有几个人一起私下议论自己的上司；为什么会有人觉得上司能力不行、处事不公、自私小气；为什么下属会觉得自己的成绩被忽视，或是小小的失误就会招来怒骂；为什么下属会觉得上司的规划总是变来变去，让他们无所适从；为什么下属会觉得没有信心，因为上司总是亲历亲为；为什么下属总觉得获不到提拔的机会等。当我们面对上司的这种种"令人不满"时，就可能产生不积极主动、不配合的消极情绪，甚至经常与上司闹别扭，使团队成员不和睦，工作陷入被动局面。

麦乐在一家公司做销售，因为个人能力和综合素质都不错，干了一两年，在主管的培养下很快得到提升，成为了公司的优秀销售员。但是不久情况发生了巨变，他的主管由于个人原因辞职，并自己创业。

虽然主管走了，但是麦乐感觉自己的能力和业绩都不差，说不定还有升职的机会，可是恰恰相反，公司外聘了一名新的主管，这对麦乐心里造成极不舒服的感觉。而且，他还把这种不满的情绪发泄到新来的主管身上，不仅会有意让主管难堪，而且在工作中也不积极配合，工作之余还会散布一些主管的坏话。在传播这些小道消息的时候，麦乐还鼓动大家一起把主管赶下台。

主管是个明白人，他知道麦乐在与自己唱对台戏，但却很有耐心，不仅多给麦乐表现自己的机会，还会非常注意他的感受，对于这些小冲突，他都能够很宽容地给予理解。在工作上遇到一些问题，也主动与他交流沟通。可麦乐并没有领悟主管的苦心，反而自以为了不起，感觉主管也不敢对自己怎么样。随着事情的发展，主管认为再这样下去无济于事，于是向公司说明情况，公司最后决定将麦乐开除。

从故事中麦乐后来的表现，我们或许可以找到为什么在晋升机会来临时，麦乐没有得到提升。主要是因为麦乐不具备一个主管应该达到的公司要求。

所以，当问题出现时首先要好好反省一下自己，找出差距、分析原因，并作出调整以求改进。不要一味地把外因当做"分析"的对象，认为公司不公平、认为自己不被重视或是其他，更不要将这种不满的情绪转移到工作上来，对工作环境甚至整个公司产生不好的影响。

成成在一家公司干了两年，由于不太满意现在的岗位，并且失去了工作激情，整个人也变得郁郁寡欢。在成成看来，他觉得自己能力很强而且有一定的管理水平，总觉得公司应该提升他为主管。

怀着这种怀才不遇的感觉，成成对上司安排的工作总是应付了事，与其他部门的合作也是心不甘情不愿的，因此也惹来了一些部门的投诉。为此领导经常找他谈话，可他总是阳奉阴违，表面上认可，在实际工作中仍我行我素。

终天有一天，他的上司离开公司另谋高就了。可是，替代原来上司职位的机会并没有降临在成成的身上。于是，他不仅非常痛苦和难过，而且还总是抱怨为什么公司要这样对他、领导也不重视他……公司领导对此有所察觉，于是将一个新的项目交给他全权负责，也是考验他实际的工作能力和管理水平。

这让成成找回了自己，并想好好地把握住这个机会，于是他全心地投入这个新的项目，竭尽所能地开展相关的工作，努力将每一件事做好。但是，因为自己之前工作的消极，使得他没有真正了解和掌握项目进行中的一些技

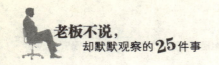

巧和经验。因此，这个新项目的实施出现很多问题，结果以失败告终。

这样的结果，使得公司领导不得不外聘一名新主管来接替成成现在的工作。但是，成成却很自负，对于新上任的主管，他不仅不愿主动配合，而且还与新来的主管关系闹得越来越疆，并对部门正常的工作开展造成影响。最后，成成觉得再这样下去没意思，就提出调离到其他部门的申请。

上述两个故事的主人公都缺乏共同的职场素养，而且不积极学习，不但失去了职业发展机会，而且还落得个离开的结局。如果他们能够配合自己的上司做好工作，并能虚心地向上司学习，结果可能会很圆满。

竞争与合作并不相悖

工作环境包含着竞争与合作，是既有竞争又有合作的环境。在这二者的推动下实现了整体与个人的发展进步，二者相辅相成、辩证统一。合作是竞争的基础，竞争促进协作。

在实际生活中，无论做任何一项工作都离不开与他人的合作。科技越发达，经济越发展，社会越进步，这种人与人、部门与部门、单位与单位之间的合作就越加紧密。虽然我们提到更多的是市场中的竞争，但是这种竞争也是建立在合作的基础之上的。

现代社会是一个充满竞争与合作的社会。因此，需要我们更好地协调它们之间的关系，那么，首先要了解竞争与合作的含义。为了自己或团队的利益而与他人相争，这就是所谓的竞争。人们常说的"物竞天择，适者生存"，就是对竞争本质的很好说明。这种普遍规律的存在，是自然界、人类社会得以前进的动力。竞争是人们的一种天性，它始终伴随着人类的进步和发展。合作是指两个或两个以上的人齐心合力、共同完成一项工作。其实，竞争者与合作者是相伴而生、相伴而灭的，他们是竞争与合作的主体对象。

从表面上看,合作与竞争是两个对立的事物。但事实上,二者却有许多相通之处。伴随着人类的出现,合作与竞争始终存在。从原始社会到今天,随着时间的推移和社会的进步,它们并没有削弱或消亡,而是不断地增强。如今,随着全球经济一体化,合作与竞争的关系在逐渐扩展。

在人类文明发展的今天,迅速发展的高科技已经超乎人们的想象,人们之间的交流与沟通变得越来越便捷,不论是国与国之间、团队与团队之间,还是个人之间,都已经形成了不可逆转的竞争与合作的共同关系。实际上,任何一个国家、民族、个人都不可能独自占有人类最优秀的物质与精神财富,同时随着人们相互依赖程度的进一步加深,闭关自锁、故步自封的进步已经不可能实现。

善于与人合作,可以在一定程度上弥补自己的不足,因为人无完人,每个人的能力都有一定的限度。合作已成为人类生存的手段,有人曾称 21 世纪是一个合作的时代,像百科全书式的人物已经不大可能出现。每个人都要借助他人的智慧去不断地超越自己。

这是一个充满竞争与挑战,又充满合作与快乐的世界。每个欲成就一番事业的人要懂得学会合作,只有在不断地合作中才能有所作为。当你创建出良好的大环境,才能有更出色的竞争。

红顶商人胡雪岩,文化程度虽然不高,却有自己的独到之处,他曾把复杂的商界交往概况为简简单单的几个字:"花花轿子人人抬。"他十分清楚也很注重合作,将官、农、工、商等各阶层的人合适地聚集在一起,以自己的钱财优势与这些人共同做业务。真诚与和善地合作,使他赢来了别人对他的尊重与信任。他与漕帮协作,完成了粮食上交的任务;他与王有龄合作,王有龄获取到了升迁的资本,胡雪岩得到了商场上的发达。如此种种的互动式合作,使胡雪岩从一个小学徒工变成了一个称霸钱业的巨商。

在工作中我们应该很好地学习胡雪岩的合作经验,因为即使你有很强的能力,也不可能面面俱到。胡雪岩正是意识到这点,才会与各种人合作达成自己的目标。我们要善于与人合作,取人之长、补己之短、双赢互惠,提升

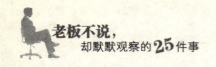

自己的竞争资本。竞争的基础就是合作。没有了合作，所谓的竞争就是流于表面的勾心斗角。

我们或许会有这样的误区，认为竞争是绝对的有你无我的状态，要是你有了，我就没有了；你有成绩我就没有……

其实，这是一种非创造的观念。应该懂得，我们创造出来的成就是为了分享，但是更应该关注这个创造的过程。

如果我们认为，有一笔钱，越多人分，每个人所得的就越少，那么就会陷入每个人都互不相让，进入到财富观念的误区，就会产生挣抢分钱的现象。但是如果我们是在联手创造财富，就会是一个金钱不断积累的过程，那样就不会紧盯着眼下分到钱的多少而你争我抢了。因为我们知道，财富在不停地增长，就会把视线不再局限于眼前小利。而且，联合起来基业就会做大，也就不会为分不到钱发愁。

因为合作集结的是大家的智慧和力量，因此具有无限的潜力。竞争则是有限的，为了竞争而竞争只是一种激发个人或少数人的力量，但是基于合作基础上的竞争才是最成功的。

在工作中，竞争是必然存在的。在我们大力倡导团队精神、强调组织协作的同时，并不是在排斥竞争。竞争的存在使得人们能够更好地发挥自己的潜能，并增强合作的个体能力。

从某种意义上讲，竞争是自尊、自立、自强的体现。在正当的目的、方式和手段竞争中，使得个人的才能、智慧以及人格得到很好地发展与表现，进而大大提高工作效率，实现理想目标。

一般而言，一个在竞争中自立、自强的个体组成的群体，会更具整体的活力和创造力；而没有竞争的个体或群体，则可能缺乏生命力和创造力。从这个角度来讲，竞争是群体发展和富有创造力的根本机制。

当然，我们必须清楚地认识到，个体的竞争是必须以促进群体的协作为条件的。正当竞争是我们应该遵从的，如果竞争妨害群体的协作，或者有损、削弱了集体的发展，那么这样的竞争不仅会造成个体完善的无法实现，还会对社会发展造成障碍,甚或是产生社会腐败、个体坠落的消极作用。

作为一个体,我们只有以正当的目的、正确的方式、适当的手段进行竞争,才会有利于群体的合作、协同,那种个人主义、自私自利的相互争斗,只会造成"害群之马"的效应。

这种又竞争又协作的工作状态,是有利于公司发展的。与此同时,每一个员工在其间也获得了个人收益,得到了能力的提高。

我们可能会听说,日本人在这方面协调得比较好,他们能够使个体与群体并重、竞争与合作统一。一个典型的日本人,他不仅具有竞争的勇气和强烈的成功动机,而且还注重把个人的作用与集体的力量结合起来。这使得个人的积极竞争行为是在共同满足、发展的前提下友好进行的。这就会使得竞争具备了求胜、成功的强烈愿望,又做好了协作、协调,以正当的方式达到竞争的目的,从而实现同事间共同进步、共同发展。

别让自己变得可有可无

一个人可以聪明绝顶、能力过人,但若不懂得以积极热心来培养和谐的合作关系,不论多成功者都得付出事倍功半的努力。

小沈是一家计算机公司的工程师,工作一段时间后在公司人事缩减时被裁,他既感到难受又很疑惑。心里总是琢磨:我又没做错什么事,经理为什么把我给解雇了?

同事小李提醒道:"是不是你哪里做得不够好?有一次,经理让你指导业务部门使用计算机,可是你正在无所事事的时候被他看到了?"

"我怎么没干事?只是那会儿大家刚好都没有问题,我也就上了会儿网,而且还是随时待命呢。一旦有人发问,我立即就会去的。"小沈反驳道。

"真是很奇怪。"同事小李应和道,"经理留下来的那位工程师,那天正好

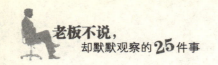

帮助一个部门的人修计算机，结果整台计算机报废，可他却留下来了，把你给裁了，真说不过去！"

"你有冒犯过谁吗？是不是得罪人了，被人打小报告了？"同事小李又问。

"记得吗？信息部的那个主管好像对你有些意见。"小李接着说，"记得吗？有一次他自己把电脑弄坏了，却把责任推到你身上。"

"但那次经理还为我说话，他也清楚那是主管的错。"小沈回答道。

他们徒劳无功地说了半个小时，同事小李说："要不你就直接去问问，到底为什么。"

"但是，"小沈犹豫了起来，"没看有人这样做过，这样做好吗？裁员还会有什么理由？是不是有点儿自取其辱？"

"如果真有错，问清楚了，下次不就可以避免了吗？对今后也有好处。"同事小李说。

回家后，工程师小沈还在琢磨同事小李的话，最终觉得他的话有道理，而且耐不住心里的不满和疑惑，于是决定找经理谈一谈。

"我了解公司为了精简编制进行了这次裁员，但是我想了解一下我被裁掉的具体原因。我很难把裁员和我本身的表现联系在一起。"小沈将自己事先准备许久的话一下子全讲了出来，"还请经理能对我表现不好的地方给予指出，我也是希望能够有所改进，至少在下一份工作中不会犯同样的错误。"

经理愣了一下，之后竟露出赞许的表情："你要是以前工作时能够这么主动积极，那今天裁掉的肯定不会是你。"

听了经理的话，小沈被说愣了，不知所措地看着他。

"其实，你还是很有能力的，所有工程师里你的专业知识很强，也没犯过什么重大过失，但是你主观意识太重，缺乏合作精神。在团队中，某人不懂得主动地沟通、合作，就会使团队必须费心协调。即使个人能力很好，但有可能会成为团队进步的阻力。"经理反问他，"如果你在我这个位子，你会怎么办？"

"但是我并不是难以沟通的人啊！"小沈不服气地说，"没错，可是与周围同事比较的话，以 5 分为满分，在热心和积极性方面，你会给自己几分？"经理问。

"我明白了。"小沈自言道，心想自己原来是个"可有可无"的员工。"你的专业知识是你的优势，但如果你积极热心，并且能够借着合作来推动团队的发展，那你的贡献和成就则更大。"接下来的半小时，小沈虚心地听着经理给他的宝贵建议。

小沈听后觉得很满足，因为他鼓起勇气向经理询问被裁的原因，使自己明白了缺点在哪里，而不是因为被解雇而躲起来怨天尤人。而且，通过这件事，经理对小沈很是赞赏，于是给他介绍了另一份工作。

通过同事的提醒和经理的点拨，小沈很快意识到自己的问题——缺乏主动合作。同时，小沈也因为主动地与经理交流而得到了经理的支援——给他介绍了一份工作。这个故事告诉我们，主动关心别人的需求。而当别人感到被关心时也会付出相对的善意，分享自己的资源。

合作关系是人与人之间最宝贵的资源，但在工作中我们常常会忽视它。一个人可以能力过人、聪明绝顶，但如果缺乏积极热心的培养和谐、合作关系，就不会达到事倍功半的效果，也很难取得成功。实际工作中，我们会看到不积极热心的人往往在干被吩咐的工作；愿意付出的人却总是能带动团体，发挥众人的力量，正所谓众人拾柴火焰高。

在职场上，"独行侠"注定没有好下场

现代社会，我们听到更多的是双赢甚至多赢，但是竞争却又无处不在。但是，同事之间十之八九都有共同的目标，从这个角度来说，同舟共济比同室操戈更有意义。

在职场中，"独行侠"的做法实在有些愚蠢，因为我们会在工作中积累很多的友谊，并且这些珍贵的友谊对我们的职业生涯都会产生深厚的影响。

青青在一家合资企业工作，虽然已结婚 4 年，但一直没要孩子。因此，她

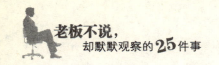
也总有时间和同事们"疯"玩。由于彼此的性情、年龄相仿，所以大家处得极为融洽。每到下班的时候，忙碌了一天的青青并不忙着回家，总是和同事们相约，不是去吃饭，就是去打保龄球、看电影，或者一起去某一家做饭吃。若遇上个晴天周末，青青还会和丈夫一起与同事们去郊游。青青认为：和同事们分享生活空间，可以很好地消除误会，提高默契程度，增加沟通，这样工作效率也就提高了。

和同事做朋友，可能是大都市里办公室中的一种风气，这种风气的存在多少有些合理处。

1.同舟共济胜于同室操戈

我们可能会有这样的认识：部门的效益上不去，个人就没有升迁机会。很多时候，需要把自己融进去，而不是站出来，这是"团队协作"的意义。对于那些封闭自我的人来说，这或许是一种新的挑战。我们应该跳出自我的小圈子，融入到集体中，这是不容回避的现实。事不关己，明哲保身，这已然是一种落后的交往观了。

专家 Jan Yager 博士则说：工作中建立起来的友谊，会对我们的职业生涯起着非常重要的影响。一位工作中的朋友或许会成为你进入公司核心领域的引路人；工作中的朋友还会为你的工作表现提供回馈，提出好的建议助你前进。构建了这种氛围后，你会以享受的心情去工作，并且会增强你的创造力和生产力。

决定我们晋升的因素很多，在考察方面，同事的评价能直接体现你的团队协作能力的因素是值得我们关注的。许多人因为友谊而获得一份新的工作，而在工作中，我们也不免会把私交"提交"给公司，并会相应地得到公司奖赏。同事的友情如此有价值，你还会做"独行侠"吗？

2.评判一下自己是不是"独行侠"

办公室中的"独行侠"往往有如下表现：

拒绝参加公司活动、对办公室政治避而不谈、漠视企业文化，别人觉得他们性格孤僻。冷漠对于一个团队来说是致命伤，并且是开拓事业的一大弱点。市场经济的商业操作使得我们在考核员工时,出现了一个新的法则:你并不一定出类拔萃,但是要忠于自己的职位,兢兢业业做好本职工作,并且要具备与人沟通、协作、协调的个人综合能力。同事们不会直接告知你是否做了"独行侠",但你可以从他们的行动中感受到。当你发现同事们有以下这些表现时,你就得好好思考了。

(1)上司可能常常表扬你,你也并没发现什么过错,但是周围同事却在背后诋毁你。这说明你可能是办公室里的个人英雄主义者,虽然个人能力强,但却少与同事配合和沟通。要知道,办公室是一个集体,要是不想挨冷箭,就要避免单枪匹马地去抢功。否则,你很快就会陷于孤立无援的境地。

(2)在工作之余,同事们约好一起去玩儿,却没有告诉你。这可能是在告诉你:你不受欢迎。也许是你脱离了群众,却和上司太亲密,大家怕你出卖他们。也许是你的工作十分出色,受到的表扬多,遭人嫉妒。这个时候你要做的是尽快与同事拉近关系。

(3)同事带着孩子到办公室,但唯独没向你介绍。这可能是因为你太古怪,他不愿让你接触自己的宝宝;也可能是以前你并不关心其他同事的家人。这时候你应主动去与孩子说话,消除之前的印象。

(4)你一走近本来在窃窃私语的同事,他们就戛然而止。这表明他们在议论与你有关或是不愿让你知晓的事情。与你有关,可能是你的穿着打扮有不检点之处,或是你与上司的关系暧昧,不愿让你知道,比如上司的隐私被曝光等。这时候,你可以私下单独请其中平时和你关系较好的聊聊,以便知道症结所在。

杨靖在一个大公司做销售,后来因为业绩出众,得到领导重用,提升她为销售总监。

对于销售总监这个职位,杨靖本不是很在意。因为,她所在的公司实行的是提成制,大家都是靠业务熟练,拿单子吃饭。如果能够拿下"大单",收入也不比销售总监低多少。

正因如此,杨靖并没把这件事情放在心上,也没有冷静地分析自己做销

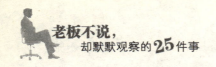
售总监应该履行的责任，只是盲目地按照自己做业务的方法执行目前的职务。

以前，因为要和客户谈事情，她常常熬到很晚才下班。于是，她把这种工作习惯强加给了其他的销售人员。她机械地规定：每天要约好第二天要谈的客户，而且不能按照固定数目报上来，否则会受到惩罚。

从表面来看，这种方法似乎很积极、很努力，但实际却弊端很大。有些销售人员为了谈妥客户，并且保证当天汇报工作内容，就硬生生地和客户约时间，这就难免引来客户的抱怨和反感。

不良的效应虽然显而易见，但是杨靖并不这样认为，她觉得这是个人习惯，应该好好培养，即便没有业绩，这种做事的方法还是值得提倡。同时，她还要求其他同事也得像她一样全身心地投入工作，工作以外的事情一律不参与，对于其他部门举办的联谊活动，她是绝对不参加的。好几次财务主管要求两个部门一起聚餐，都被她一口回绝了。这样的结果就是，当她要预支一笔业务费用的时候，财务主管迟迟不给支持，总是以没有提前打招呼、手里没钱等为借口。

而且，她的下属也看不到她的努力和苦心。部门中有个叫小赵的，平时就自由惯了，但是现在却要时不时地被杨靖叫去按时汇报工作，这让小赵很是埋怨。部门里其他几个业务能力很强的同事，因为假报发票等小事，被她批评后也心生不满。

杨靖不在乎大家对自己的误会，她觉得大家日后会认可自己的努力。但是，事与愿违，销售部的员工开始背着她嘀嘀咕咕，有的甚至去上边那里打小报告。终于，杨靖被老板叫去了，并告诉她，下属们都投诉她，撤消了她的销售总监职务。

自己的付出、努力，却得到这样的回报，杨靖自然感到失望与伤心。可是这又能怪谁呢？这就是"独行侠"的结局啊。

第 21 章

你是否有完备的职场能力和潜质

在严峻的就业形势下，不仅要有硬能力，还要有软实力。不要总是慨叹自己怀才不遇，应该仔细想想自己是否具备职场竞争力。即使你觉得自己非常博学多才，也要懂得知识的更新，所以即便是精英也要善于为自己投资，更新知识结构。应该使自己尽量达到职场中所需要的各方面职业素养，提升自己的能力，使得自己能够成为团队中不可或缺的人才。

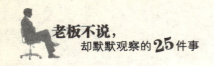
不要感叹自己怀才不遇

怀才不遇只是一种消极的工作态度，因为这种情绪的存在会对你的职业生涯产生百害而无一利的影响。自感怀才不遇的人，容易把自己孤立在一个小圈子里，并且很难参与其他人的圈子，更不会融入团队之中。

工作中，你是否遇到过这样的同事，他们牢骚满腹、懒懒散散却喜欢成天抱怨，觉得自己怀才不遇，因为自己的价值没有被老板发现而不被重用。这样的人往往是在抱怨中蹉跎岁月，到头来一事无成。

虽然现实中确实有因为环境或者其他的原因，而才华得不到施展的舞台。可是怨天尤人、大发牢骚，或是慨叹怀才不遇并不能解决问题。我们常说，机会总是留给有准备的人，如果你真正怀才，那就积极地备战，一旦机会降临，你就会大有作为。

生活中，我们常会碰到两种类型的怀才不遇：其一，有着真才实学，但是并没有遇到伯乐，没有找到适合自己施展才华的舞台；其二，自以为自己有才的人。相应地，"不遇"也可分为两种情况：第一，没有遇到伯乐；第二，时机未成熟或是没有遇到机会。

真有才学的人往往表现得恃才傲物，一心只想着一鸣惊人，对平凡的工作瞧不上眼，总想着干出一番大事业。这样的"才华"之人，可能在遇到困境时就会长吁短叹、感慨命运不济。其实，换个角度你就会跳出"怀才不遇的"的定式，你就是自己的伯乐。

而对于那些并无才学，但是自觉怀才不遇的人，其实并非真的怀才不遇。他们往往是因为自己的不良心态或是习惯错失了良机，最终一味地逃避困难和问题，并会与本身站在同一起跑线上的人拉开巨大的差距，落于其后。可以说,这种情况是自己导致了怀才不遇。

关于怀才不遇,我们一起来看看下边这则故事,或许会有所启发。

一个年轻人在工作中总是不顺心,几年来都没有得到提拔,看不到发展的前景,便认为自己怀才不遇,牢骚满满。

一天,他在公园散步,与一位退休的老者攀谈了起来。他问:"我很有能力,但怎么总是遇不到伯乐呢?"

老者笑了笑,捡起脚边的一粒沙子,对年轻人说:"这是一个小沙粒。"然后顺手把这粒沙子扔到了不远处的砂石中,"你能把刚才那个小沙粒捡回来,我就告诉你答案。"

年轻人悻悻地去找,但并没发现。于是,回来说:"怎么可能找到?砂石都差不多,刚才那颗掉到这里边,根本找不出了。"

于是,老者又从身上拿出一个玻璃球,顺手将它扔到沙粒中,并要求年轻人捡回。

这次年轻人很容易就捡了回来,并高兴地说:"这下可以告诉我答案了吧。"

老者语重心长地说:"为什么第一次你找不到,第二次却能轻松完成?"

年轻人若有所思,猛然顿悟,于是告别老者返回家中。从此,他开始认真学习,在工作岗位中努力工作。因为他相信只有当自己做出成绩,得到别人赏识,才能被别人发现和认可。

其实,我们大多数人就像这沙粒一样极其普通,相互之间并无巨大差别,所以终究不会被他人发现。只是我们在自我膨胀、自视过高的时候,往往会产生遇不到"伯乐"的情绪。实际上是我们的能力还达不到别人要求的标准。如果我们仍旧发牢骚、吐苦水,那只能是继续干小职员的工作,仍旧在原单位继续"怀才不遇"。

因此,当我们产生了怀才不遇的情绪时,首先不是怨恨和愤怒,而是要好好反省一下:我真的具备与众不同的能力吗?如果我并没那个自信,就别浪费时间,在遇到表现机会之前,先好好工作与学习,练好"内功"吧。

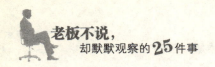
九大核心职场竞争力，你具备几项

> 一个人的综合素质是多方面的。你没有专长很难成功，可是仅有专业技能也不意味着成功。因为你还得学习、培养自己的沟通能力、处世能力等，这些在你的核心竞争力中都有贡献值。

简单来讲，职场竞争力是安身立命的根本能力，它决定了一个人在社会中的方方面面。主要包括你的创造能力、社会适应能力以及沟通能力。换句话说，就是你占有什么样的发展资本。

人生在世，就会面临严酷的职场竞争力大考验，对于员工的淘汰，不再讲求情面。如果你是一个职场新人，面对高"阵亡率"的新人境遇你该怎么做？简单来说，能够立足于世，不能没有专业特长，但是这并不是唯一条件，你还需要很多附属条件，这些条件就是你的"竞争力"。

核心竞争力第一：好性格

有句话用在新人求职上很贴切，即"性格决定命运"。很多公司主管都领教过"草莓族"的不能吃苦耐劳、缺乏团队精神、承受压性与挫折的能力低、责任感与忠诚度差、对于成功的追求动机不足，基于这些因素，在新人的筛选上，领导们往往更注重性格特质。科技业用人，都是技术挂帅，但在开展一项工作时，经常要不眠不休完成使命，这就对科技人员的毅力与抗压性有较高的要求。在服务业，服务质量往往决定于性格特质，多数服务业都希望员工要有敏锐的洞察力、开朗、活泼、热情和亲和力，并有耐心进行沟通协调工作。

核心竞争力第二：学历

学校、科系、学位是学历方面的考核项目，如果本身学历不好，可以考虑出国留学或报考国内硕士班这些补救措施，用最高学历"勾销"先前较差的学历。国内研究院所的大门始终是为这部分人员敞开的。从"硕士在职班"到

"产业硕士班",各种渠道多元畅通。只要你有意愿去拿个好学校热门科系的硕士学位。另一方面,选择学历门槛较宽的工作也不失为一种避短的方式。比如部分服务业、偏远地区地方企业、销售业等,这些行业在人才竞争上处于劣势,对学历要求也就不高,不妨先在这类工作中累积一定的资历,有时候这种经验资历比"学历"更管用。

核心竞争力第三:证书

在市场经济日益发展的今天,"证书化"也慢慢显现出来。除了法律、会计、医疗等行业要有证书才能执业,现在房地产业、美容业、金融业、餐饮业、信息业、健身业这六个行业,还有环卫部门等,也都逐渐走向"证书化"。专业证书可弥补学历的不足,因此是很多在学历上不占优势者的选择。

在校期间,学校主要是培养学生的专业技能,一旦你踏上专业之路的第一步,就会接触到很多行业所特有的技能,这是需要在工作实践中学习而学校无法提供的。因此,在最初的"学徒期"不要太看重薪水待遇,有学习的机会才最重要。应该有意识把工作当成学校的延伸,将主管和资深同事作为自己的良师,像海绵般虚心学习,将自己的专业技术"马步"扎稳。过去所谓的"一技之长"已经不足以满足社会需求,因为单一技能的人才过剩,不能够跨领域培养多重专长,就很难拉开你的领先距离。

核心竞争力第四:经验的历练

"轮调"是跨国公司培养高级人才的最重要方法,也就是让你在不同部门与国家进行工作,从而培养阅历、历练经验。这样才会在实践中决定你究竟可成大器,还是一个小零件。对社会新人来说,以前学习中的打工实习、学校社团活动、竞技比赛、海外游学等都是有用的历练。而对职场新人来说,能够将高难度的陌生任务不视为险途,而是积极应对并努力争取参与各种项目,或者争取外派出差机会,这些对你自身都是很好的磨炼。

核心竞争力第五:培养听说读写算的能力

我们从小就在培养听说读写算这些基础能力,因为无论是生活还是工作都离不开这几种能力,但时下新生代们却有"退化"的迹象。很多主管抱怨

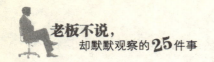

新进员工的电子邮件词不达意、语意模糊；行销主管对新生代们的文案书写也颇有意见，虽然创意十足。

除了传统的听说读写算，对于现代常用的办公室文书软件也应很好地掌握，因为这也是我们的基础能力。很多企业以为新生代是计算机熏陶下成长起来的一代，所以不会注明要熟悉办公软件，但在工作中才发现录用了这些不懂 Powerpoint、Excel 的员工，更有甚者用 Word 绘制简单的图表都不会。

总之，逻辑思考力、文字表达能力、外语能力、沟通表达能力、数学能力、办公软件使用等都是不容忽视的职场基础能力。

核心竞争力第六：情报能力

进入知识快速"折旧"的年代，以前在校期间学到的东西，如果不注意更新，很快就跟不上时代。但是，有积极学习的上进心还不够，更要懂得怎么快速高效地在浩如烟海的信息中"淘金"，从而对最新情报有所了解，特别是关键情报。现在是速度决定胜败的时代，谁掌握先机谁就能赢，因此如今都把"情报搜集"看做必要的工作技能了。

核心竞争力第七：表达能力

不论你是做业务还是做技术，任何工作都需要有汇报能力，要懂得如何进行一场会议。在工作上要能创新思考，要会撰写基本的企划提案，并且具备分析解决问题的能力，对内外部客户要掌握服务的技巧，要有良好的说服能力。

核心竞争力第八：职业好形象

除了研发研究人员与外界接触少外，像业务销售、公关、教育训练、行政、法务……这些都是需要与人打交道的工作，绝大部分是要与他人沟通的，因此个人形象管理格外重要。注重形象包装对于专业表现也是很有好处的，而且好的形象在专业说服上也会加分。"品位"是共通的原则，即便我们从事的行业不同。

核心竞争力第九：人际关系

人际关系学的另一门功课在于建立办公室内的良好关系，这包括与同事、部属、主管、客户建立良好的人际关系，就算不是朋友，至少不要为敌，以免卷入错综复杂的人事纠纷中。

大胆投资自己，精英也要更新知识结构

未来的"文盲"不是不识字的人，从某种意义上说是不会学习的人。因为，我们已经处于一个知识与科技发展一日千里的时代，就要求我们不断学习、不断地充实自己，这样才能在职场上始终立于不败之地，才能实现不断成长发展的目标。

现今社会的知识有两大特点：一是积累多、容量大，使人目不暇接甚至眼花缭乱；二是发展快、增长快、瞬息万变、日新月异，一些技术知识只有暂时性的意义。如此这般，就会使人才资本的折旧速度大为加快。

在西方白领阶层，有一条不成文的知识折旧定律：一年不学习，你所拥有的整个知识就会发生 80% 的折旧。有人甚至夸张地说：你今天不懂的东西，到明天清晨就过时了；眼前这些有关世界的绝大多数观念，也许在两年之内就变为永远的过去。

在知识经济中，个人学习能力的大小决定了每个人获取知识的多少。因此，从这个角度来说，未来的"文盲"就是不会学习的人。在这个知识与科技发展一日千里的时代，不学习就意味着落后与未来的失败。

竞争在加剧，实力和能力的打拼也越来越激烈。不去学习、不能提高自己的能力就只能落后。职场中有些人，自己不去学习，不寻求自己能力的提高，而只是抱怨公司、老板，抱怨自己不被重视。其实，不养成学习的习惯，不从自己身上找问题，不提高自己的工作能力，谁会青睐你呢？

在公司里，与其抱怨上司对自己不重视，不如反省自己，从自身提高能力。

没有知识，就没有能力，而能力又是知识、工作经验、人生的阅历、前辈

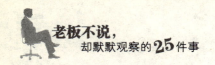

传授的有机结合。能力的培养是和真正不断学习密不可分的，当你有意识培养自己学习，就不致落后，甚至会处处领先。

在工作中不断学习，不论处于职业生涯的什么阶段，都不能停止学习的脚步，要把工作视为学习的殿堂。对于所服务的公司而言，员工的知识就是价值的宝库，所以你要好好自我监督，别让自己的知识贬值。

通用电气公司（GE）发展管理学院院长，同时是 GE 的首席教育家鲍勃·科卡伦在《我们如何培养经理人》一文中提出：

在 GE 内部，你是来自于一个不起眼的学校，还是毕业于哈佛大学，一旦你进入了公司，这些都不重要。因为在 GE，你过去的经历并不如现在的表现更重要。

如果你从事一项新工作，我们并不在意你是否做得很好，而更看重你知道学习，那么日后你就能追上来。我们希望人们的表现高于一般期望值，具有优秀的工作成绩。不过期望值不是一成不变的，它会随时间不断变化。如果你停止学习，一段时间内一直表现平平，因为客户需求、技术进步等因素，相对于你的期望值会增加，如果你不再学习，那就只能被淘汰。要知道在企业，期望值年年上升。今年的销售额如果能达到 2000 万美元，那么明年就应该是 2200 万美元，并在接下来的年头会更多，这也就意味着你需要做更多。

从个人的角度来看，如果你停止学习就像水在涨，你只站在那里，不会游泳就会被淹死。那么，对于你来讲就是一件坏事。

可见，学习是十分重要的，特别是想成为优秀的员工。从不懂到懂，直到成为专业能手，这需要我们不断地学习。好员工始终把"学习、学习、再学习"作为座右铭时时提醒自己，因为不学习将失去竞争力。在勤奋和好学的基础上，员工也自然会产生新做法、新思路，唯有如此才称得上是优秀的员工。

在这个"知识经济"时代，必须能够勤于学习，必须注重自己的学习能力、善于学习，并且始终学习，这样才不会被迫出局。

不喜欢现在的工作，就学会"竞走"

在枯燥的环境里，如果以不舒适的姿态并要保持一定的前进速度，同时内心还要始终维持平和稳定的状态，确实不是容易之事。当我们在职场上遇到无奈的情形时，可能就会和竞走运动员有相同的处境。那么，我们不妨借鉴一下竞走运动员的做法。

竞走是奥运会中最艰苦的项目之一。选手们在长达 20 公里的漫长路程中，始终处于一种不舒服的身体姿态，他们的膝盖不能打弯，而且路程又非常枯燥。所以，有人说：竞走选手实际上都是人类的耐力大师。

如果暂时不能跳槽，但又不喜欢眼下的工作，你该如何寻求心理上的平衡点呢？你该如何在职场中快乐前进呢？不妨学学竞走运动员吧。

如果再仔细分析，竞走运动员实际上也是心理大师。对于现在的职场人士来讲，其中有很多可以借鉴的地方。在整体经济不景气的情况下，像前些年的金融危机，也许你并不满意现有的工作，但是大家又不敢任性跳槽。于是，很多人也需要在不那么舒服的状态中开始"职场竞走"的漫长历程，而且要寻求心态的最佳平衡点。

欣音在一个不太喜欢的报社待了整整 7 年。许多人都觉得不可思议，要是换作自己可能早就疯了。但是她却坚持下来，并获得了经济上的稳定，直到孩子上小学，欣音才辞退了工作。朋友问她，在过去的 7 年里，欣音如何能气定神闲地保持内心的平衡？她分享了些自己的经历，其中不乏有"竞走高手"的味道。

首先，欣音在手头工作中找到自己比较感兴趣的，而且将此作为重点来关注。当时，她负责报纸的好几个栏目，而她真正感兴趣的只有一个，因此她把这些栏目作为重点来做，尽求完美，而其他栏目则以完成任务为主。如果

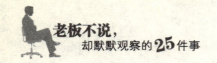
能这样看待自己的工作，就会觉得工作像一个长相平平但却有甜美笑声的女子，你不必在意她的相貌，只是这种甜美笑声就会给你带来很多快乐。这样做的好处显而易见：一方面使工作有了一种持续的成就感；另一方面避免了因为成绩平庸而被炒掉，因为在某一方面或必要环节是不可替代的。

另一个方法就是将工作带来的价值具体化。人活着就会有希望，但一定是具体的希望，这样才能对心理产生足够大的激励作用。欣音经常会为自己描绘未来的景象，比如，丈夫和自己在美丽的海滩上漫步、孩子走进知名学府读书……关于未来的想象越具体越生动，那么在心中产生的动力就越明显，同时对工作产生的抵触情绪就越少。这样一来，欣音已经不再把工作看成是生硬无趣的生存手段，而是一种美好心愿实现的途径。

还有就是业余兴趣。欣音在工作之余很喜欢欣赏和评论欧美流行音乐。同时，她觉得当一项兴趣持续下去，或许兴趣就可能变成新的职业。日后自己或许可以成为欧美流行音乐评论方面的专业人士。

最后就是时刻准备从事其他工作的能力，要清楚地认识到眼前所不喜欢的工作是一个跳板，因此不必为此烦躁。这也和竞走运动一样，当运动员退役时就要考虑日后的工作，也会是人生另一个方向。

现在回过头来再看竞走比赛。大家都知道，参赛者最后是要由公路转到田径场中，来完成最后一圈的比赛。倘若运动员在最后一圈犯规，要视具体情况或是给予警告，或是直接取消其比赛资格。也就是说，不要小瞧最后阶段，这是决定你功成名就还是功亏一篑的关键一圈。在职场中也是一样，最后阶段必须做到最好，否则就会最危险。

在工作中，我们可能会碰到这样的情况，有的同事在辞职时领导不会感到气愤或者不理解，或许还会召集全体同事欢送他，或是一起吃饭，相谈甚欢。那么，他们是怎么做到把辞职这件事做得不尴尬而很开心呢？下边的几个方式可能对你有帮助。

第一，先给领导发邮件，在邮件中表达近期有换工作的愿望。尽量不要直接而突然地当面提出，因为会引起不必要的惊讶或是尴尬。

第二，给公司一个缓冲的时间，告之老板会再干一个月。这点最重要，对于人员的流动很正常，但不要造成整个公司的运行秩序受影响。这样做可以将你离开而产生的影响降到最低，也会给老板留有好印象。

第三，"等"待最佳时机与领导面谈，一定不要着急。有些内容需要提醒：要在领导心情尚好而且不忙的时候谈辞职的事情，因为对你而言辞职是很重要的事，但对于领导来说未必，不过是一个普通员工的离开，很正常。

第四，站好最后一班岗，"走好最后一圈"。在离开前，更是要把工作做到最好。不仅可以得到一个"认真负责"的好名声，也会给现任领导留下好印象，这对你日后的职业发展不无裨益。

第五，在离职前的一个月内，不要将离职之事放出风去。首先，也许事情会有变化，比如改变了辞职的想法；其次，不要对公司的工作氛围产生影响。

第六，在离职前一周时间，可以很礼貌地向同事说明离职的消息。辞职的时候，我们难免会有想法的波动，动摇走的决心，正好可以借这种公布行为强迫自己执行决定。同时，给同事们一周的时间做心理准备，大家也不会觉得仓促，以免大家对你离职的原因产生各种猜测。

或许有人会质疑，辞个职何必这么麻烦，走人就行了？其实不然。辞职前期就像竞走比赛中的最后一圈，如果草率行事可能会栽在里边，使之前长期的努力付诸东流。应该清楚，一个人在职场中是需要依靠人脉和能力才能成功的。一般在跳槽的过程中，新单位对你之前的职业经历会严格考查，特别是正规的公司。他们甚至会对你之前的领导、同事都做调查。因此，如果你没有走好辞职前的"最后一圈"，得到了评价不佳的结果，那么很可能在下一份工作生涯中道路坎坷。

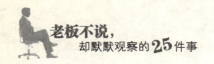
多增强"软实力"，让你如虎添翼

> 在职场中，"硬实力"是我们干事的基础，能保证我们在业务能力上
> 过关；而"软实力"作用也很重要，或许就是能让你在关键之处脱颖而出
> 的导火索。

在竞争如此激烈的今天，能够在职场获得一席之地，单凭一点儿专业知识是不够的，要求我们不仅要有硬实力，而且具备软实力。人常说"黄金有价玉无价"，用它来形容今天的职场就是，金是硬实力，玉是软实力。

软实力是社会心理学术语，主要是和人的情商关系密切。是对一个人语言沟通能力、人格特质、品德、社交礼仪、态度、个人习惯等的综合表述。而硬实力更多的是智商的体现，是工作中要求我们必须具备的专业技术。

软实力与硬实力是相对而言的。从事某个职业时，我们必须具备的工作技能就是我们常说的硬实力。如果你从事医务工作，那么医学院的毕业证书和医生执照都属于硬实力。同时，你治好了或多少病人获救，是显示你硬实力的业绩表现。

一个出版社想要招聘一名校对员。业务知识考核后，剩下来的复试者被带到总编的办公室进行面试。白洁是复试者中的一位，在 10 分钟的面试后，总编起身，礼节性地将她送到门口。白洁突然停住脚步，说："总编老师，很感谢您给我的机会。不过我还想多说一句，面试时我发现您的办公室内的电线有裸露的地方，多危险啊，为了安全起见，考虑请个电工师傅看看吧！"

复试成绩公布了，白洁的名字出现在录用名单上。上班第一天，白洁去总编室报到时，总编告诉她为什么被录取，他说："你的细心打动了我，让你做校对工作，应该是可靠的！"

白洁的经历告诉我们,在业务能力上过关是你"硬实力"符合要求,而"软实力"可能决定着你的胜出。

有些软实力对某些人却是硬实力。可能我们平时与人谈话、交流的话语,对我们来说是软实力,但是表达能力对节目主持人来讲就是硬实力。

中国留学生郝素和美籍华人丹尼都毕业于美国常春藤名校物理系。当时正值一家顶尖美国银行筹备亚太部,很是缺乏人才,于是他们一起应聘,经过层层考核后共同进入了这家银行。

郝素虽然拥有常春藤名校物理博士学位,但是患有严重的鼻炎,而且眼睛深度近视又很内向。一般人可能对他的第一印象不佳。他虽然英文很好,但是当众表达能力差,当时公司雇用他,主要是因为他数学很好,可以帮银行做信用风险模型。之前提到的郝素的博士学位、英语、数学等都是他的硬能力。其实,在郝素面试时已经有面试官不满意他的交流能力,可是他具备一流的建模能力,属于当时银行急需的人才,于是银行在2轮面试后就给了他正式的聘请函。这样郝素得到了他梦想的工作。

丹尼是美国土生土长的华人,既有传统的华人文化熏陶下的谦逊,又融合了美国人的自信。丹尼虽然是个本科生,而且数学等专业知识远不及郝素,但是他当众言说能力很棒,有自信,又谈笑风生、幽默、阳光而有魄力。同时,他中文也不错,发音很标准,总体而言丹尼的软能力十分出色。面试官都很喜爱他,他也因此得到了工作。

在建模型的初级阶段,常常要加班,工作压力使得郝素病倒了。在模型建成后关键的第一次工作汇报时,郝素没法参加,只好由丹尼顶替。丹尼不明白的地方就用电话里向郝素请教。

模型出成果后,郝素需要作工作汇报,也可以借此补上次的缺席。但是,郝素太过紧张,说话结结巴巴,几个大老板和整个部门员工都不明白模型的特点、好处是什么。最后,还是丹尼帮他解围,用简明扼要、通俗易懂的语言为大家做了解释。

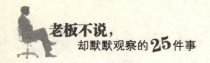
　　时间飞逝，丹尼最后成了这家银行亚洲信用风险首席官，而郝素却在金融危机中被裁员。虽然，郝素本身的硬能力远高于丹尼，可是软能力上的缺失终使他在职场中失败。

　　从这个故事可以清楚地看出，提升你的"软实力"是多么的重要。也许你的"硬实力"会让你在职场中有一席之地，但是你的"软实力"可能会令你如虎添翼。

第 22 章

你在工作、生活中是否节俭朴实

唐朝宰相魏徵说："求林之长者，必固其根本。欲流之远者，必浚其泉源。"企业往往偏重于开拓财源而忽视了节流。实践证明，只有那些巧于开源、善于节流的人才称得上是精明者，才能获得最终的成功。一个人需要勤俭，一个企业也是如此。应该始终秉持"当用则用，当省则省"的原则。要懂得废物利用，要知道统筹计划，要明白节省也是一种利润。那么，在实际工作中，请在这些方面付诸实践，这样才能看到节俭带来的真实效应和利润，你才会懂得节俭，更加自愿地去节俭。

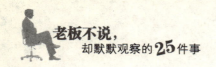
讲究实用，寻找实惠的替代品

商业经营的最终目标就是要赚取利润、开源节流，当我们不能开源的时候，节流也就是节省成本，在某种程度上也就是收入，而且是是地地道道的纯利润。

大家一起来算笔简单的账，如果一件产品的售价是 100 元，成本是 90 元，则利润就是 10 元。若是将成本减少 10 元，那么利润就是 20 元，也就是说成本减少了 10%，显而易见，利润就增加了一倍。这就是说减少一分的成本，就能够增加成倍的利润。所以，在企业中，如果能够认真地控制好成本，削减企业内一切不必要的开支，即便是把成本减少 5%，那利润就可能增加一倍。所以，企业要想盈利，削减成本不失为一条途径。节约每一分成本，将成本当成投资来看，就会使员工对成本有所重视。如果付诸于实践，能够在日常工作中注意节省成本，就会有更高的回报。

2009 年公布的世界 500 强企业排名中，位于第 381 位的是美国航空公司（简称"美航"）。

业界普遍认为，美航是美国最大和最赚钱的航空公司之一。它的成功，与首席执行官罗伯·柯南道尔及其所属的管理团队所采取的一系列策略有关。他们开发出产业中最佳的资讯系统、优质的顾客服务、高效的行销策略（如搭机旅客里程优惠方案）及将成本降至最低。

说到节省成本的标兵，美航首屈一指，他们更换短程且更省油的飞机，并对路线结构做了调整，采用轴辐式线路以减少间接成本，同时增加每个班机的座位密度以增加收入。在薪资方面，他们采用劳动契约和双层工资结构来降低劳工成本，并且做一切努力削减燃油与非劳工的变动成本。

　　为了省钱,美航仅在飞机上涂有代表美航标志的红、白、蓝条纹,这大大降低了油漆用量和燃油的成本,不上漆的 DC-10 可以减轻 400 磅重量,如此一来,每架飞机每年能省下燃油费大约为 12 万美元。

　　美航在 20 世纪 80 年代中期,为每架飞机改装了较轻的座椅,同时用强化塑钢推车代替了金属推车,并开始使用较小的枕头和毛毯,头等舱中也出现了轻型器皿,以及新设计了服务空厨。如此的改变,使得每架飞机的内部重量减轻了 1500 磅,这就意味着每架飞机的燃油费每年至少节省 45 万美元。

　　柯南道尔和他的管理团队在追求成本最小化过程中做到了事无巨细。一次,柯南道尔乘坐美航班机,他把没吃完的生菜倒入了一个塑胶袋里,并交给机上负责餐食的主管,告之要"缩减沙拉的分量"。命令被执行后,他仍不满意,于是下令拿掉沙拉中的一粒黑橄榄,就这样又为美航每年省下了 7 万美元。

　　为了省钱,柯南道尔还送养了一只看门的狗。当记者在访谈中问及此事时,他说道:"是的,在加勒比海有我们的一栋货仓,开始时我们雇用一个人去那里整夜看守。为了缩减开支,我们把那个人解雇了,因为后来觉得一条狗就可以起到同样的效果。我们这么做了,效果也很好。又过了一年,我想出了一个可以再降成本的主意。干嘛不把狗叫的声音录下来播放啊?于是,我们开始实践,发现也有效果,因为谁都不会知道是否真的有一条狗在看守着。"

　　企业的利润时常是节省在成本里的,这是员工应该谨记的,在成本上严格把关,才可能赢得最大的利润。所以,员工能够自觉地节约成本,才能实现企业节约成本最大化,才能获得更多的利润。

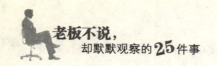
厉行节约，不浪费一滴水、一度电

在现实生活中，我们可能会对节俭不敏感甚至对此不屑一顾，只是把全部的精力投入到创造财富上了。其实，节俭也是理财的一部分，如果做好节流工作，将不必要花的每一分钱节省下来就是在创造财富。而且，勤俭的目的不仅仅是积累财富，所谓"成由勤俭败由奢"，节俭能培养一个人艰苦奋斗的品质。

节约就是创造利润。无论公司盈利多少、规模大小，都不能铺张浪费地使用公物，应该节俭。节约一分钱，就等于为公司赚到一分钱。富兰克林曾经说过："注意小笔开支，小漏洞也能使大船沉没。"一个原则性问题就是：不浪费每一份不必要的支出。

工作中，我们已经养成了纸张两面使用的习惯，当公司中层干部去别的公司洽谈业务，发现这家公司都是纸张一面使用，就会感觉很可惜。当节约成为习惯时，你就会对浪费产生厌恶。

一个处处为公司着想的人，会从小事勤俭节约起来，为公司节约每一分钱。当你绞尽脑汁为公司节约的时候，因为有了这种成本意识，就一定有能力为公司赚钱。老板一定很需要这种人，因为他时刻用成本意识来武装自己的头脑，是一个以公司利益至上的人。

在生活中，我们会对"吝啬"、"抠门"的人心生厌恶，觉得斤斤计较最没"面子"。这样的人也很难交到朋友，做不了大事。但是，一个人在工作中斤斤计较，为公司节约成本就是创造利润的过程，其中带来的高绩效代表着一种成功，可是很有"面子"的。

沃尔玛是世界500强企业之首，其成功经验中的重要一条就是把"节约精神"贯彻到每个员工的行动中，将"控制成本"融入到企业文化里。这也就是我们在沃尔玛的产品销售中总能看到"天天低价"的原因所在，这也是它所具备的强大市场竞争力。

为了控制成本，沃尔玛做到了让人难以置信的程度。首先，我们看看它的办公总部的环境：在一条狭窄而杂乱的巷子中，街口竖着"洪湖二街"的路牌，经过一个下坡路，再走10米左右就会看到两个牌子，其中一个标示着"沃尔玛公司中国总部"，另一个是停车收费的告示牌，两旁是陈旧杂乱的住宅楼。

沃尔玛的前台就在4楼，外面是供应商等候区，右边半层楼是洽谈室，往里面去被划分成相等面积的格子间，这是沃尔玛公司的采购经理与供应商会面的地方。

在走道内堆着很多供应商带来的商品。沃尔玛公司的10大原则赫然地张贴在格子间的板上，时刻提醒着员工不要收受贿赂。

5楼办公室里集中着沃尔玛有实权的采购经理们，公司各种运营部门集中在6楼。这两层装修得异常简单，有的地方还能看到粗粗细细的管道。

在沃尔玛，员工格子间、楼道内、电梯中都张贴着各种各样的标语。每个员工使用的办公桌都是电脑城里最廉价、最常见的那种，连老板也不例外。而且，你还会看到有的桌边露出了里面劣质的刨花板。

沃尔玛不仅办公环境"能省就省"、"斤斤计较"，而且在这里工作的每位员工都义无反顾地秉持这种勤俭的作风。

可能大家都还不知，年已60多岁的沃尔玛亚洲区总裁钟浩威总是购买打折的机票，并且每次出差都坐经济舱。他还常常与邻座乘客询问机票价格，如果发现比他购买的机票便宜，回到公司后就会对办理此事的人员质询。

沃尔玛的买手们和供应商讨价还价，被公认为是最精明、最难缠的一批家伙，而这些人每次出差只住便宜的招待所。据说沃尔玛的一个经理去美国总部开会，他的住所被安排在一所大学暑期空置的学生宿舍里。

节约能降低生产成本，这对企业来讲是创造更大的经济效益。同时，节约也是一种优秀品质，是爱国主义的表现。对于现代的人们，培养勤俭节约

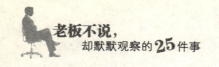
的意识有助于形成文明的生活方式和养成自身良好的习惯，这也是现代人
必备的素养。

讲诚信，不占公司的小便宜

林肯曾说过：也许你可以在某一个时刻欺骗某一个人甚至所有的
人，但你绝做不到在所有时候欺骗所有的人。不管是何种教育，诚信都是
公认的并要求人们必须恪守的。处于"契约社会"里，契约精神的核心就
是诚信。它是整个社会正常运转的杠杆，平衡着社会。从大的方面来讲，
诚信是社会的基本要求；从具体方面而言，诚信是公司的根本宗旨；从小
处来说，诚信是"立人之本"，中国自古讲信用、守信义。

调查显示有相当比例的职场人都遇到过同事找发票、虚报报销的情况。

作为员工，应该将公司的行为准则铭记于心，诚信是必不可少的价值评
判标准。当然，每位员工也应学会自我保护，例如妥善保管公司指派的工作
邮件、注意记录工作备忘，这样就可以在发生纠纷时有所依据。

公私分明，是每一个员工都要时时铭记于心并且需要遵守的职业道德
和职业纪律。但是，我们在工作中也难免会看到违反规则的人，他们"一不小
心"就将公司的物品私有化了。而且，在他们看来，占用公司的一张信纸、一
个信封等都是无所谓或是理所当然的小物品，是很正常的事。其实，正是在
这些微不足道的小节反映出了一个人的职业操守高低。如果要你想要在职
场中脱颖而出，就要注意在小节上下功夫，不要因为这些小事而让人误解，
要知道时刻都有人注视你。

陵辛是一家公司的采购部职员。一次，他看到公司定制的笔记本、签字
笔等办公用品都很精美，就想给他上学的女儿使用。孩子将这些东西带到学
校去用，被语文老师看到了，而这位语文老师的丈夫与陵辛所在公司有业务

往来，于是一眼就认出了这些"办公用品"的出处。

后来，语文老师的丈夫得知这些情况后，心里琢磨："这家公司的风气不好，员工都只想着自己的利益，怎么能有诚意做好生意？"于是，决定中止与该公司的合作计划。因为，公司很看重这个项目，所以决定在全公司范围内彻查此事。最后，将焦点锁在了陵辛的身上，不言而喻，他只能走人。

在陵辛不经意地拿这些小东西回家时，定然不会想到会与公司合作的大项目相关联。以致因为这些蝇头小利，失去了自己高薪的工作。

总会有人注意到你，不要自作聪明地认为会神不知鬼不觉。其实，越是这样小的细节越会有人重视，在你看来不经意的举动，有可能就是他人的话柄，那样你就因小失大了。在老板眼中，不贪小利是可信的表现。

统筹审计，省下的都是赚的

企业利润的核心问题就是"成本"。美国的希尔顿饭店能够长期盈利，其中重要的一点就是善于控制饭店的经营成本。希尔顿实行权力下放，饭店各部门的服务、盈利可以自行安排，这样就充分调动了工作人员、服务人员的积极性，增长知识和技能专长，更好地进行饭店管理。但是，饭店每天、每周、每月的消费支出是严格控制的。

在希尔顿饭店工作的经理必须清楚地知道，第二天需要多少位客房服务员、电梯服务员、餐厅服务员，以及中厅杂役员、厨师等；对于饭店所需要的一切用品要严格测算预采购的内容和数量。而且每天的电、水耗用都要进入电脑进行成本核算。

希尔顿先生强调，对于成本费用和财会审批手续必须绝对集中，不下放权限。像客房、火柴、灯泡、餐厅用品、电视机、床单、餐巾、餐桌、肥皂、毛巾等大的费用项目要经过总部的中央采购部，或者是芝加哥、纽约的分部审批采

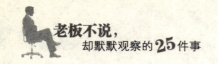

购。隶属于希尔顿饭店联号的饭店，每年需要补充的毛巾、餐巾、床单等费用为 300 万美元、餐桌台布为 200 万美元、火柴费用为 25 万美元、餐厅器皿为 100 万美元，这些支出的费用都是很大的，因此希尔顿先生认为，降低成本的一个重要方法就是控制成本费用，也进一步增加了利润。

通过成本控制获得巨大成功的企业，都是十分关注细节，力求将成本工作的每一个环节都进行细节处理。

在市场竞争中，有时成败和能否取得经济效益的关键是成本，是企业提高竞争能力的核心所在。不断降低成本是企业管理的一项根本任务。为了降低成本，全面实施成本控制，应该推行目标成本管理，从"事后控制"转向"事前控制"和"现场控制"的成本管理模式。对任何企业而言，一项重要的工作就是做好成本管理。没有低成本，就难以参与市场竞争。

在微利时代，单纯靠提价来消化成本，风险较大，也不可行，因此努力地降低成本是最佳选择。而且这一时期，向企业内部挖掘潜力也是非常重要的。无论你在哪一个岗位，从老板的角度而言，做什么都应该持有成本意识，要配合公司利润增长。要能够意识到成本就是公司的投资，所以要积极参与到成本控制的行列中来。

宏力在一家企业做办公室主任，他的主要职责就是为各部门服务，配合他们工作。在这种部门工作，没有利润指标的压力，大家都觉得工作起来很轻松。可是，宏力不这样看，他认为一名员工应该时时处处替公司着想。

通过一段时间的工作，宏力发现公司在春、秋两季会印刷宣传手册，且印数都不多。但是，宣传手册内容的调整一般都是在年底进行，如果分两次印刷，有些浪费成本。如果将两次合为一次，不仅对公司的宣传没什么影响，而且可以大大降低印刷成本。并且，公司的资料室有足够的空间储存这些手册。了解到这些情况后，他立即向公司提出了仅在每年春季印刷全年宣传手册的建议。实施后，就这一项就为公司节省了数千元。

在宏力的引导下，该部门的人都活跃起来了。大家开始为控制公司成本出谋划策，出了不少好点子。一年下来，公司的工作效率没有降低，可是节约了 10 多万元的成本。年底结算时,公司的营业收入与去年相比并未增长多少,但利润却增长了 20%,这主要的功劳是宏力带领下的没有利润任务的部门创造的。老板非常高兴,宏力升为了公司副总,并且部门内的每个员工还得了红包。

当我们为公司节约成本时,就意味着你的薪金也增长了,因为公司的利润增长了。公司进一步发展了,你的发展空间也扩大了,如此这般就形成了一个良性循环。

第 23 章

你在工作中是否常怀感恩之心

德国工业品之所以在国际上成为"精良"的代名词，来源于德国人对职业神圣的感恩情怀。感恩是生命中最珍贵的礼物，感恩唤醒了内心的驱动力，孕育了敬业精神，使我们主动用爱心对待每个人。我们应该主动地对周围的朋友、给你指点的领导、给你协助的同事，甚至是曾经让你苦恼的对手都心存感恩。正是有了他们，你才能够不断汲取养料、不断成长。所以，用一双满怀感恩的眼睛看待周围的一切吧。

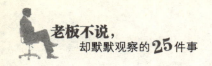

感恩他人给了你帮助

对于朝夕相处的人对我们的帮助，可能会因习惯了、理所当然、本来就该……的想法而使我们对这些本应感恩的帮助不当回事。反而是对一个陌路人的点滴帮助而感激不尽。似乎应该好好反省一下这种"区别对待"的态度。

很多成功者都喜欢将个人努力作为自己成功的主要因素并加以强调。事实上，每个登峰造极的人，都必须获得别人的帮助。如果你订出成功目标并且开始执行后，就会发现许多意料之外的支持在支撑着你。对于这些帮助你的人应该心存感激，感谢上天的眷顾。

今日的年轻人大多是在父母的呵护中成长起来的，在未对世界有一丝贡献时，却整日抱怨不已，哪都看不顺眼，视恩义如草芥，内心贫乏，不知回馈与感激。

现代中年人虽有国家的栽培，但总觉得未发挥所长，且对现实也有诸多不满与委屈，愤愤不平。这样的人总是扮演不好自己的角色，在工作岗位上难以称职；在家庭里，也不是负责任的家长。

羔羊跪乳，乌鸦反哺，在动物中我们都能看到很多感恩的情境，更何况我们人类也应如此呢？古语有云：一粥一饭，当思来处不易；半丝半缕，恒念物力维艰。应该很好感悟，并要实际做到。

许多公司老板和员工都把彼此间的关系视为理所当然，视之为纯粹的商业交换关系，这可能是造成矛盾紧张的重要原因之一。的确，雇用和被雇用是一种契约关系，可是契约关系背后也蕴含着同情和感恩的成分。

感恩是会传染的，当上司感受你的心意时，他也会以具体的方式来表达他的谢意，感谢你所提供的服务。从商业的角度来看，老板和员工之间不是对立的,是一种合作共赢的关系;从情感的角度来看,他们之间是一种亲情和友谊的关系。

你的老板和同事都是需要你感谢的人。因为他们了解你、支持你,你应对他们说出你的感谢,让他们知道你感激他们的信任和帮助。对于老板的批评,你应该感谢他给予的种种教诲;对于顾客没有接受你的推销,你应该感谢顾客耐心听完自己的解说,或许会有下一次惠顾的机会。对于感谢,我们应该经常挂在嘴边儿,这会增强公司的凝聚力,会给你带来巨大的投资,对于未来也是不无裨益,但却不用花一分钱。

对于个人来说,感恩并不仅仅有利于公司和老板,还会使你的人生变得富裕。它是一种深刻的感受,能够为你开启神奇的力量之门,能够增强个人的魅力,并有助于发掘自身无穷的智能。当感恩是一种习惯和态度时,就会变成一种受人欢迎的特质。

李林是大学毕业生,专业是计算机,暑假都过去了他还在四处求职,没有着落,眼看身上的钱就要用完了。

一天,报纸上刊登了一则关于新成立的电脑公司要招聘各种电脑技术人员20名的招聘启事,李林觉得是个好机会。于是,他在报名后就潜心复习,终于在20多名报名者中脱颖而出。

李林走上工作岗位后,真正认识到自己的知识欠缺太多。正因为此,他想公司每晚要留值班人员的制度是个好机会,于是他索性搬到单位住,并包揽了所有值班任务,这样既解决了家住本市的同事不愿意值班的问题,也使自己有机会在办公室里拼命钻研电脑知识。经过两个月的勤奋努力,李林已然成为公司的技术骨干了。

因为还处于试用期的3个月里,李林每个月只有几百元的工资,生活依然艰难,勉强够吃饭。可是他懂得知足常乐的道理,并且珍惜这份工作的来之不易。他努力工作,表现得相当优秀。

两年后,他通过不断学习,终于考取了国际和国内网络工程师资格证书,已然成为一名受公司领导和同事们好评的网络工程师。又过了3年,随着公司的发展壮

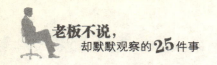
大，不到30岁的李林凭借出色的业绩和自身的努力，终于走进了公司高管的岗位，并拥有一定的股份，前景良好。当人们问起他的成功经验时，李林总是谦逊地说："我知道这份工作来之不易，所以每天度过的每一分钟，我都十分珍惜自己眼前的这份工作并心存感恩，为自己能进这样一家公司而感恩。于是，我就有了前进的动力，再苦再累的活也难不倒我了。"

应该将"谢谢你"、"我很感激你"这样的话时常挂在嘴边。付出你的时间和心力，以特别的方式表达你的感谢之意，要回报比物质的礼物更可贵的更加勤奋地工作。

感恩和慈悲是近亲。如果你怀有感恩的心，就会变得更谦和，值得他人尊敬。为自己能有幸成为公司的一员而感恩，为老板每次对我们的教诲而感恩。不论你遭遇多么恶劣的情况，事情总是相对的。

发自内心地感激才是真正的感恩，才是真诚的感恩。感恩并非为了某种目的、虚情假意的溜须拍马。它是自然的情感流露，并不求回报。不要因为惧怕流言蜚语而不敢从内心深处表达对自己的老板的感激，或是将感激之情隐藏在心中，抑或是刻意地疏离老板，以表自己的清白。如果我们能从内心深处意识到，正是因为老板的谆谆教诲，正是因为老板的苦心经营，公司才有今天的发展，才有进步，才会心中坦荡。

当你觉得自己的努力还有感恩并非得到别人认可，准备辞职换一份工作时，也应心怀感激之情。人无完人，每一个老板、每一份工作都不会是尽善尽美的。辞职前仔细想一想，在曾经从事的工作中，还是有很多宝贵的经验与资源的。像是严格的老板、友善的工作伙伴、值得感谢的客户，还有我们需要承受的失败、沮丧以及自我成长的喜悦……这些都是人生中值得学习的经验。要是你每天能带着一颗感恩的心去工作，那么心情自然是愉快而积极的。

感恩老板给了你最有力的支持

　　当你用薪水孝敬自己的父母时；当你用薪水给爱人买衣服时；当你用薪水给小孩买玩具时；当你用薪水和朋友游玩时，会不会想想每个月拿到的薪水是得益于公司、得益于老板？你是否会感谢自己的老板呢？

　　"我的薪水都是通过我自己的劳动所得，凭什么要感激老板？"这或许是很多人心里的想法。的确，你的老板雇用了你，你从事本职工作应该有相应的回报——薪水，这是你和老板之间雇用与被雇用关系的体现。似乎你们之间谁也不欠谁什么，又何谈感恩呢？但是，如果没有老板，你还会有工作的机会吗？所以，首先以员工的身份，我们应该感谢老板、感谢公司为自己创造了工作的机会。从这个意义上来说，你应当是感激老板的。

　　你是否曾经想过，我们往往对自己的老板耿耿于怀，但却能够轻而易举地原谅一个陌生人的过失。或许我们可以转变这样的状态，那就需要我们以一颗感恩的心去工作，而不是动辄就寻找借口来为自己开脱。老板和员工之间并非对立的，其间存在着合作共赢的关系，亲情、友谊的关系。

　　如果你是一名优秀的员工，又在公司担任要职，那你就更应该感谢老板。诚然，我们常常会把个人的努力归咎于成功的要素，但你也应该感谢老板对你的赏识，感谢老板对你的提携、帮助以及屡屡对你委以重任，这些共同作用才造就了你今天的成功。所以，当你从普通发展到优秀的时候，应该很好地感谢老板。

　　感恩是自然的情感流露，是不带功利性的真诚，应不求任何回报，它不同于溜须拍马和阿谀奉承，也不会是迎合他人表现出的虚情假意。作为一名员工，平时努力工作，为公司创造更多的财富，就是对老板最好的感恩。

　　企业不是慈善机构，它的根本目的只有一个——赚钱。用马克思的政治

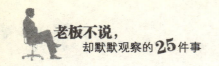

经济学来说，通过赚取员工的剩余价值，老板才能发财致富。从这个角度来说，当我们对老板感恩的同时，他们也应该对员工感恩。

在正常情况下，按劳付酬、论功行赏、不拖欠员工的工资，这些都是老板表示感恩的方式。在特殊情况下，企业应该适当考虑员工的利益。例如当企业困难时，不要总以裁员来转嫁危机，使员工成为企业改革的牺牲品；在企业发展的时候，要适当地让员工分享成果。

感恩是相互的、双向的。单方面地对某一方提要求都是不合适的，如果只要求员工，那就不能使员工尽心尽力地工作而缺乏感恩的心。企业就像一个家，要让员工有归属感就应该把员工当成家庭的成员来照顾才对。

感恩朋友给你帮助

在走向成功的道路上，没有人为你摇旗呐喊，没有人在你跌倒时伸手将你扶起，单凭一己之力的孤军奋战你能否走向成功的终点？人生在世，拥有朋友的日子是幸福的，你要关怀、理解、信任朋友，并时时感恩才行。

"岁寒知松柏，患难见真情"，朋友之间应该是愿意同尝甘甜、乐意共担苦难，甚至以生命来践行承诺的。正所谓"路遥知马力，日久见人心"，朋友是你永远的坚实依靠。

"把生的希望留给朋友，把死的恐惧留给自己"。这种友情已经达到了一种极致，是单用"伟大"二字不能表达的内心感受，是一种生命的延续。

一天，有两位很要好的朋友在沙漠中迷失了方向，当他们面临死亡时，天神出现了："我的孩子，不远处有一棵树上边结着两个果子，吃下大的那个就能抗拒死亡，走出沙漠；吃下小的那个，你会在痛苦中苟延残喘并慢慢死去。"

两个朋友向前走了一段路，真的发现了一棵树，而且确实有一大一小两个果子。可是，他们谁也不去碰那个会给人带来生命的大果子。夜深了，两个好朋友深情地凝望着对方,因为他们坚信这会是他们的最后一晚。

当太阳从沙漠的一端升起时,其中的一个人刚刚醒来,却发现他的朋友走了,而树上只剩下了一个干巴巴的小果子。他感到很失望,这失望并非来自死亡,而是朋友的背叛。他愤愤地吃下了这个果子,继续向前方走去。差不多走了一个小时,他发现倒在地上的朋友已经停止了呼吸,朋友的手里还紧紧地握着一个更小的果子。

生活中,朋友可能不仅是我们日常生活中的伙伴,更可能是我们工作及事业的推动者。

里昂大学毕业后并未开始找工作。他认为当时大学毕业生并不多,自己一定能找到最好的工作,结果却徒劳无功。里昂的父亲是位资深记者,他认识一些工商界的重要人物。

在这些重要人物中有一个叫乔尔的人,他是一家大企业的董事长,主要从事月历卡片制造并且他的企业是世界著名企业。乔尔在多年前由于一些税务问题而服刑,当时里昂的父亲觉得这个案件有些疑点,于是赴监狱采访乔尔,并写了一些客观的报道。虽然,报道并未使乔尔减轻刑期,但是乔尔还是感动得落泪。此后,乔尔与里昂的父亲成了挚交。

乔尔知道里昂有个儿子,并且也到了该工作的时候,于是就向里昂的父亲打听里昂是否有了合适的工作。里昂的父亲于是实话实说:"他刚毕业,正在找工作。"乔尔说:"噢,那刚好,愿意的话可以来我的公司上班。"

就这样,里昂开始了他的职场生涯。并且,乔尔非常用心地对里昂进行培养。

里昂不仅得到了一份薪水和福利非常好的工作,而且成就了自己的一份事业。在 20 年后,里昂成为了一家著名信封公司的老板。里昂十分感谢乔尔,因为是他帮助自己创造了事业。

感恩朋友,因为他可能是我们在十字路口的引路人,他可能是关键时刻的助推力。同时,朋友的言行也是我们的一面镜子,使我们认识自己的才能、反省自己的言行、知道自己的缺点。因此,我们应该善待朋友、感恩朋友,是他们为自己构筑了一个幸福的舞台。

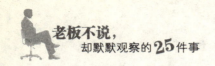
感恩同事给予你配合和挑战

> 将与同事们一起工作视为一种难得的缘分，并且应该惜缘。对于身
> 处逆境时同事们的每一句鼓励都应铭记；对于身处顺境时同事们的每一
> 句忠告都应很好地思考；对于平日里同事给予的点滴支持都应感谢。应
> 该珍惜彼此之间的缘分，应该懂得投我以桃，报之以李的道理。

面对同事的真诚，我们应真诚地感恩。感恩伤害、攻击、批评过我们的
人，是他们开阔了我们的心胸、磨炼了我们的意志、提高了我们的能力；感恩
关爱、启发、指导我们的同事，是他们丰富了我们的阅历、提升了我们的智
慧、使我们懂得了付出；感恩欺诈、放弃、折磨我们的同事，是他们历练了我
们的意志、唤醒了我们的良知、磨炼了我们的毅力……怀着一颗感恩之心对
待同事，由于自己心情、态度的转变，而使得合作会更愉快、工作氛围更融
洽。这样也为你的个人成长进步奠定了更坚实的群众基础。同时，还应该把
这种感恩付诸行动，应对同事关爱相助，应更加珍惜工作机会，应对团队更
加负责，要与同事们更加勤勉尽责、携手共进地更好工作。

生命如花，请酝酿关心、服务他人快乐的人生之蜜吧；生命如水，若要获
得涌动的活水就需要不断地将自己的一半施予别人，待水满了，再施一半，
如此反复才会有不断的清泉。

关爱同事、关爱他人，最终会使自己受益。感恩，使我们在渐渐平淡麻木
的日子里变得富有、快乐；感恩，使我们原本荒寂的情感变得懂得领悟和品
味命运的馈赠与生命的激情。如果希望自己能够永远快乐、永远年轻，那就
心存感恩吧。

我们常听到这样一句话：同行是冤家。的确，同事有时也是对手。但这并
不意味着就得势不两立、就得你死我活……我们还是应该学会感恩，感谢这

些对手。感谢对手激发了我们的斗志;感谢对手让我们变得更具战斗力;感谢对手使我们发现自己的缺点;感谢对手使我们更加聪明、智慧。因此,对手值得我们感谢与尊敬。

正确对待对手是自己走向成功的一个重要因素,强者们都有这样的共识。有这样一个故事。

旭日东升,草原上的动物们又开始奔跑了。草原上,羚羊妈妈很有耐心地对自己的孩子教导着:"孩子,跑得快一点儿,再快一点儿。如果你跑不过狮子,就会被它们吃掉。"

与此同时,在草原的另一边,狮子妈妈也在教导着自己的孩子:"孩子,要提高奔跑的速度,不然你如何能追上羚羊?你会被饿死的!"

草原上的动物如此,职场中更是如此,"竞争"是不可避免的。要想出类拔萃,在竞争中脱颖而出,就应该适应激烈的竞争,这是决定你成功的关键因素之一。当我们为了辉煌的事业和美好的生活而奋斗时,就会处于各种各样的竞争。

在自然界里,没有天敌的动物总是最先灭绝,而那些有天敌的则会逐步繁衍壮大。这是因为,天敌的威胁会使我们变得警惕,也因此锻炼出了很多应对天敌的本领;如果没有天敌,就会肆意地放松自己,生存能力就会慢慢退化,突然面对天敌就会无以自卫,只能毙命了。

在非洲大草原上奥兰治河的两岸,分别居住着两个羊群,其中东岸羚羊的繁殖能力强于西岸,奔跑速度也比西岸快得多。后来,有一位动物学家对两岸羚羊的食物来源、生存环境等方面的条件进行了研究,但是没有发现什么不同。动物学家凭借多年的理论和实践经验判定:应该有某种因素影响着这两个羚羊群的生存境况。于是,他决定做个试验:在东西两岸各选12只羚羊,并送往对岸,一年后发现运到西岸的12只孕育出了16只;送到东岸的只剩下4只,其余全被狼吃了。于是,答案揭晓:东岸羚羊之所以比西岸的羚羊强健,主要是有一群狼生活在羊群的身边。

在人类社会中,竞争对手好比天敌,因此大自然中的这一现象在人类生

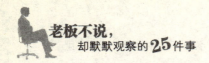

活中也同样存在。对手无处不在，随着社会的发展进步，竞争更加激烈。对手的范围很广，既可以是具体的人、困难、挫折，还指具体的实体、逆境、厄运。如果静下心来思考，我们或许会觉得真正让我们热爱生命的不是阳光而是死神；真正促使我们奋发努力的不是富裕的条件而是受到的打击、挫折；真正逼迫我们坚持到底的不是亲人和朋友而是对手；真正能促使我们成功的力量往往源自于对手的竞争。

日本一家著名家电企业曾说过：如果韩国家电市场实行对外放开，不到半年时间，全部的韩国家电企业都会倒闭。正是这种竞争的压力，使韩国家电企业摒弃陈旧的观念、淘汰落后的产品，纷纷走上了改革创新之路。正是由于他们的这种自我淘汰的意识和行为，经过几年的努力，非但没有造成倒闭的恶果，反而对日本家电企业的国际市场造成了很大的威胁。为了在市场竞争中立于不败之地，激励奋进，我们应该欢迎对手、感谢对手使我们变得"更高、更快、更强"，而不是厌恶对手、憎恨对手。

工作中，使你不得不在压力中超越自己的真正原因可能是对手的存在。在顺境中，你也不敢驻足观望，因为身后有紧随的对手。为了不被对手追上，你必须一路前行。在逆境中，强劲的对手遥遥领先会使你有一种危机四伏的感觉，会激发你生命中的潜在精神和斗志。告别平庸的方式之一就是树立对手。

现代社会，对手不再是从前意义上的敌人，从某种角度来讲是一个战壕里的战友。真正意义上的对手是自己，因为一个连自己都不能超越的人，何以能跟上时代的步伐、何以能超越别人？

其实，我们应该感谢对手，是他改变了你的既定生活轨迹，是他让你登上最高的山峰，使你获得更大的成功，是他使你的人生与众不同。

感恩下属帮助你冲锋陷阵

从"一分钟赞扬"开始尝试,不要犹豫,如果你的下属在正确地做事,告诉他们:你做得很好;如果你的下属顺利地完成了任务,告诉他们:你实现了很好的价值和目标;如果你的下属对公司产生了正面影响,告诉他们:你为公司带来了很好的反响。总之,不要漠视下属的贡献,要及时赞扬。

善于表达感谢只是一方面,只是感谢要言之有物。下面这个例子,可能是最糟糕的称赞下属的尝试了。

陈湘是一家社会团体的年轻志愿者,在劳动节收到总监亲笔写的贺卡:"感谢你的努力工作。我诚挚地希望我们拥有更多的女性志愿者。"陈湘看了差点打了个趔趄:总监没有对他为机构所做的杰出工作表示任何看法,而是猜测他是一位女性。

因为有太多的志愿者,而且陈湘这个名字容易引起误解,经过仔细地分析,陈湘发现的真相是:总监根本没有把他和其他志愿者李霖、孟芬区分开。

这种令下属沮丧的称赞是否也发生在你的身上?经理们笼统的"感谢你们每位的贡献"之类的话,只会引起下属疑惑:领导估计不知道自己是谁,也不一定真的认识自己。

试想一下,如果你在外努力奔忙了一天,并且与客户相谈甚欢,赢得了客户的满意。回到公司,你又热又饿,制服上蹭上了街上小孩子们的棉花糖。当碰到经理时,他对你说:"嘿,干得不错。"这只会让人疑惑,或是在心里暗想:那家伙知道我做了什么?

但是,换做一位真正关心你工作的经理,遇到你时可能会这样说,"小赵,在那段没有进展的时候,我发现你是如何应对那群客户的,你以积极

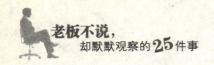
的态度应对他们的唠叨，才让他们很满意。我很感谢你为此所做的努力和贡献。"

两种做法的区别显而易见，如果你是一位管理者，请好好体悟，其实做起来并不难。

感恩客户给了你业绩

我们应该感激我们的客户。有了客户才有了我们的生存和发展，是他们给予了我们必需的发展条件，是我们的衣食父母。正是有了广大客户多年来的支持与厚爱才有了我们的成功。感谢一直以来客户对我们的信任。是我们的客户使得我们收获了今天的成绩，促成了我们的茁壮成长，我们要以所服务的客户为荣。

工作中，我们常常会听到"客户永远是对的"、"客户是上帝"这样的话语。这些无疑不揭示着：只有满足了客户提出的要求，他们才会选择我们，我们也才能够得到发展和进步。因此，对于客户的选择和抱怨我们都应该感恩，他们的选择使我们有了生存、发展的基础，他们的抱怨使我们有了工作的改进，使我们的工作有了最好的建议。

厨师刘苏在旧金山郊外著名的度假村工作。一个周末，刘苏正忙碌时，服务生走进厨房，手中端着一个盘子对她说："有个客人点了道'油炸马铃薯'，他嫌咱们切得太厚。"

刘苏看了看盘子，没发现和以往有什么不同，但还是按客人的要求将切得更薄的马铃薯重做了一份给客人送了过去。

没过几分钟，这位服务生端着盘子又进了厨房，并且气呼呼地对刘苏说："我想那位挑剔的客人一定是遇到什么不顺心的事，结果把气借着马铃薯发泄在我们身上，他又发牢骚说马铃薯还是太厚。"

本身在厨房里就很忙碌加上反复重做,使得刘苏很生气:从没见过这样的客人,可是深呼了几口气后还是静下心来、忍住气,耐着性子将马铃薯切成更薄的片状,并在油锅中炸成诱人的金黄色,用漏勺捞起后盛在盘中,并在上面撒了些盐,之后请服务生再送过去。

不多时,服务生满脸笑容地端着盘子走进厨房,盘中空无一物,服务生对刘苏说:"客人很满意,还直夸咱们的菜品,餐厅的其他客人也都赞不绝口,很多人也点了这道菜。"

从此,这道薄薄的油炸马铃薯片成了这家店的招牌菜,而且发展成各种口味,并且成为人们都很喜爱的休闲零食。

刘苏的成功,关键是他能够正确面对顾客的批评,能忍住怨气做好自己的工作,而不是满腹牢骚抱怨别人,在一次一次地改进中,不仅满足了顾客,而且也成就了刘苏的事业。当有人对自己的工作不满意时,如果能够懂得感恩而不是去抱怨别人、积极努力地完善自己的工作才是正确的态度与作风。

多问问自己:"我做得怎么样?"这会促使我们反省并不断地提高自己,而且也是一种对客户感恩的表现,是一种双赢的策略。带着一颗感恩的心去面对客户,会使我们在工作中的心情更加积极而愉快。每天提醒自己,有这样一份工作是很幸福的事,能遇到这样一位客户是自己的幸运。

在市场经济下,琳琅满目的商品使得我们的选择余地更大。对于同一类商品,消费者要面对多种选择,而何以能得到消费者的选择就是竞争的焦点。长期不被消费者认可的商品,只能落得个出局的下场。

客户是上帝。客户选择我们,就意味着我们的成功。如果客户选择了他人,我们就要面对淘汰。如果代理商都不支持我们的产品,不为我们的产品做代理,那么产品的滞留、积压只会使企业关门;如果销售商都不支持我们的产品,不为我们的产品积极推销,商品只是放在货架上,又何来的盈利?如果消费者不是选择我们的产品,而是别人的产品,最终我们就会失败。

双赢的合作,才会使客户选择我们,我们才能成功。感恩客户的抱怨和选择,是他们使我们走向成功。

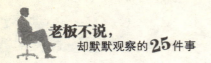
感恩工作给你提供了实现自我的途径

工作为我们提供了施展才华的平台，为我们提供了广阔的发展空间。因此，我们要珍惜自己眼前的工作机会，对现有的一切心存感激，并要通过努力工作来作为回报，以表达自己的感激之情。在工作这个平台上，我们用激情点燃着理想，用薪酬支配着生活。我们增长着阅历，丰富着自我，实现着人生的价值，全在于我们现在的工作平台。

对于困难和挫折，我们将不再推诿、不再抱怨，因为我们时刻有一颗感恩的心；我们不再是单独奋斗的个体，要相信集体的力量远远大于个体力量的总和，因此要感恩我们团结；我们会和同事间彼此更加融洽、配合默契，因为我们感恩相互间的信任；我们不再以对立反抗的情绪面对领导，因为心怀感恩的心使我们明白小我和大我的取舍，懂得做到上行下效。

说说心动、想想感动的事不是真正以感恩的心对待工作，而是要尽心尽力地把本职工作做好，而是要做每一件事都把企业利益放在首位。要在工作时产生懈怠心理时，提醒自己给企业造成不必要的损耗怎么办？如果对顾客服务不好，他们不满意怎么办？如果销售上不去，影响到利润怎么办……我们要用实际行动表达出真的心怀感恩，要遵守企业的纪律，拥护企业的方针政策、利益，站好每一班岗，上好每一天班，做好每一件事。

感谢工作给予我们成长、培育的机会，感谢工作对我们给予的展示自我的天地。如果你能将个人的荣辱和企业的发展融为一体，就会把对工作的感恩形成一种习惯。如果你能把对企业的忠诚视作一种责任的时候，就会觉得工作充满激情和成就感。能够成就他生命和事业高度的人，都是懂得感恩。所以，以感恩的态度去面对我们的企业，向着自己的目标不懈地努力，才能工作中积极进取、尽心尽力，才能给企业带来利益和效益的同时提升个人的能力,实现个人与企业的双赢。

心怀感恩,善待工作,怀着一颗感恩之心面对当今充满着挑战和竞争的社会吧。从一点一滴做起,从身边事情做起,在成就自己的职业理想、实现自己人生价值的同时,能够为企业的和谐发展贡献一份光、散一份热。

我们的生命里最美好而宝贵的馈赠就是工作。是工作让我们获取到了生存需求,解决了衣、食、住、行,实现了经济安全,因为我们有稳定的薪水。也是稳定的工作,使我们的内心安定,消除了我们在社会上的漂泊感。不论你身处于生产部门、销售部门还是管理部门,都需要与本部门及其他部门的同事相配合。在工作中,我们与他人建立友谊,融入团队,就会产生归属感。

快乐和满足也是工作能带给我们的重要感受。通过工作,我们会获得便利的服务和需要的物品,当顾客的需要得以满足时,就会给企业带来价值,就会为社会谋求更高的福祉。这个世界上,人们都是相依而生的,能够被别人需要,就是最大的快乐和满足。

我们通过工作锻炼能力,也使我们自身得到提升,增长才干,吸取做人做事的优秀方式,这些都会给我们步入更好的工作打下坚实的基础。

工作是自我实现的机会,我们最大限度地发挥自己的才能,就会实现自己的理想和抱负,并收获深层次的使命感和成就感。实现这些需求,就是美国著名心理学家马斯洛所提出的 5 个需求层次的内容。

从这个意义上来说,工作就是表达自我、充实自我、实现自我价值的过程,是要用生命去做的事情。以感恩的态度来对待我们的工作,你就会觉得工作并不是一种负担,平凡的工作也会变得意义非凡。

一位临时雇用的清洁女工在微软总部的楼里工作,在整个办公楼几百个雇员里,她是唯一没有任何学历、拿薪水很少,但是承担着巨大工作量的人。可她也是整个办公楼里最快乐的人。

她总是在快乐地工作,在每一天、每一分钟,她对任何人都面带微笑。而且不拒绝任何人的要求,即便不是自己工作范围之内的事务,她也乐于帮忙。

周围的同事因为感受到她的热情,因而也感受着快乐,这就是热情传递

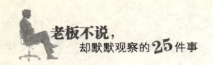

的力量，她因此和很多人成为了好朋友，甚至包括那些被公认的冷漠的人，在这种情况下，没有人再去关注她的工作性质和地位。她的热情就像一团火焰，蔓延着整个办公楼，使得每个人也快乐了起来。

处于好奇，比尔·盖茨忍不住问她："能告诉我，什么使您如此开心、如此快乐地面对每一天吗？"

"因为我在为世界上最伟大的企业工作！"女清洁工自然地回答道，"我感激公司能给我这份工作，并不在意我没有知识，可以让我有不菲的收入，使我能够供养女儿读完大学。而我对这美好的一切唯一可以回报的，就是尽心竭力地做好工作，想想这些我就很开心。"

比尔·盖茨被女清洁工那种感恩的情绪深深打动了，并十分赞赏地说："我想您是微软最需要的员工，希望您能成为我们当中正式的一员。"

"愿意，这是我最大的梦想啊！"女清洁工说道。

于是，女清洁工开始在工作之余学习计算机知识，因为平时与其他人相处得融洽，所以公司里的任何人都乐意帮她。不久，她真的成了微软的一名正式雇员。

这位女清洁工对工作的热情、对工作的感恩，将工作视为生命中最珍贵的礼物，怎能不让老板动容？正因为如此，500强企业的门槛向她恍然敞开。

无论你取得了多大的成就，生命中最珍贵的礼物就是工作，它是实现其他梦想的前提和基础，要学会感恩。同时，我们要培养回报之心，要用实际行动来回报这份馈赠。

第 24 章

你是否有足够的工作抗压力

忧郁不振会导致心灰意冷，使得工作进展更加艰难，恶性循环后，更多挫败和失落情绪便会接踵而来。长此以往，恐怕忧郁症就在不远处等着你了！因此，在职场中，要找到治疗忧郁的办法，关键是能清除藏于心底的那个"地雷"，这样才能使自己快乐起来！压力在工作中是不可避免的，它不会因为你的躲避、不去面对而消失，所以要正视压力。要努力使自己以饱满的精神迎接每一天升起的太阳，迎接每一天的挑战。给自己鼓励，正是在压力下我们才能够成长，才会有自己美好的未来。

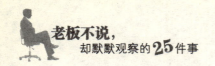
压力会将你拖入心理地狱

心理学家认为：我们眼中的世界是自己所想要看到的世界；我们所作出的反应多来自于内心欲望的驱使，而非单纯的外部因素结果。正如禅宗所讲："不是风动，不是幡动，而是仁者心动。"因此，我们常会听到心态决定一切。

也许你在公司中有着不错的职位；也许你兢兢业业、成绩卓越；也许你的上司会欣然地告诉你：该是你大展拳脚的时候了。在预示着美好的前景的同时，也意味着越来越大的压力。

浩石是一名高管，在竞争白热化的今天，他也非常担忧，尽管自己的业绩不错，但也有着被老板炒鱿鱼的危险，况且很多人都觊觎他的位子。

这家公司的氛围很不错，浩石也在这家公司工作多年，因此他并不想离开这家公司。于是，他要求自己把工作做得更多、更好。他就像一个超负荷的陀螺不停地旋转，根本不考虑身体是不是需要休息。

后来，浩石觉得总是被一种说不清道不明的恐惧感长时间地困扰。有时，会在原本驾轻就熟的工作中出现一些细小的问题。而且，他也开始哈欠连天、失眠、心不在焉、肠胃不适等情况接连出现……

压力虽然看不到、摸不着，但却能感受到它的存在。大多数的职场中人都会不断自我加压，即使已经不堪重负，但仍总觉得稍不努力就会被别人超越或是淘汰，自己的工作就会出现危机。

年轻时用健康和时间换钱，这是现今很多职场人的生活理念。可是大多数情况下是钱没有赚够，而健康的体魄却渐行渐远。虽然适当的压力可以使人充实和上进，但是过于持久则会出现焦虑、烦躁、抑郁、不安等心理障碍甚或疾患。

你听说过"巴乌特征"吗?就是说在拼命工作中,可能会突然像电机被烧坏了一样失去了动力,出现动弹不得的状态。这种情况是职场心理压力发展的表现。

现在普遍存在的职场压力已经成了"世界范围的流行病",听到职场精英自杀已不是什么新鲜事了。

专家认为,职场心理压力分 3 个阶段:一是躯体症状,如失眠、焦虑、胃口差等;二是退缩性行为,如不愿上班、无端请假、不愿意参加各类社交活动等;三是产生攻击性行为,如火气大、与人之间的矛盾多,甚至自残等倾向。作为职场中人,应该学会自我调整心态。一般来说,常见的调整心态的方法有以下几种。

其一,多记好事,学会忘记坏事。心情好坏取决于你是记住了好事还是坏事。

其二,积极地自我暗示。职场中人要多对自己说一些"我能胜任"、"我很坚强"的自我暗示,从而形成对心态的正面影响,并影响你的行为结果。

其三,学会幽默。使用一些幽默,可以化解冲突、活跃气氛、振奋精神、缓解压力。

其四,珍惜拥有,学会放弃。失去时,才会备感它的珍贵与不可替代,这是不会珍惜的结果;拥有得太多,也要学会适当放弃。

对于工作中无法回避的,我们要勇敢应对,在保证工作效率的情况下减压。要善于应对工作,可以试试下边几种做法。

1.设计好职业生涯规划。选择最合适的职业,你才可能乐此不疲,干起事来也会游刃有余,压力到来时,也会视为有趣的挑战,而不是沉重的负担。

2.搞好人际关系。无论是与同事、上司,还是你的下属,在关键时刻可以成为意见提供者,分担压力,减少压力的来源。

3.提升工作能力。如果能轻松胜任工作,就不会觉得有很大的压力,或是能够坦然面对。

4.找出工作中的积极面。要能从工作中找到乐趣,体验到其中的快感,自

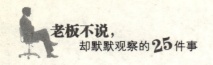
然会使压力减轻。

同时，我们应该从以下几点享受生活。

1.购物。买到中意的东西，或将薪水消耗掉，会有种莫名的快感。但也要谨慎钱包里的钱。

2.户外活动。这能使心情更加开朗、视野更开阔，还能锻炼身体消去疲劳，让你不断焕发出生动的光彩。

3.激活情感。有调查显示，爱情是缓解压力的最好方式。相爱的人在一起，会有取代不了的甜美滋味。对于感情生活开始变淡的职场中人，应该行动起来了。

4.睡眠。美美睡上一觉，可以让你的心理压力减轻不少，还可以美容。

你是"职场忌妒症"患者吗

忌妒心是人类一种普遍的情绪。在职场这样一个卧虎藏龙之地，失败之后所产生的由羞愧、愤怒、怨恨等交织在一起就是忌妒。

在忌妒心的影响下，我们很容易曲解他人的情况，也会影响自己对现实的正确判断。忌妒是办公室里永恒的话题，而且往往离不开加薪、升职。

李继对自己眼前的工作很是满意，他已经40多岁了，但依旧英俊潇洒，最喜欢听下属们赞扬自己，而且会使上班时的心情变好。

然而，公司里来了一个新职员，年轻、朝气蓬勃，气质格外高雅，这让李继觉得有些压力。于是，李继开始对这名新职员要求苛刻，甚至在安排工作时都会不高兴。周围的同事都看出了他的忌妒心，并别有用心地利用这些做文章。

李继虽然明白这样容易给公司高层造成不好的印象，但又管不住自己的情绪，感到非常苦恼。

不同的忌妒心有着不同的忌妒内容,特别是名誉、地位、钱财、爱情。在忌妒心的影响下,总认为自己才是最出色、最棒的,其他人都是运气而已。特别是女性,忌妒之心更是强盛,无论是生活还是工作或是其他都会引发女性的忌妒。

那么产生忌妒之心后,会有什么表现呢?看看下边这几条:

1.明显的对抗、攻击性。

2.不易察觉的伪装性。一般人不愿直接表露出忌妒,在行为上表现为拐弯抹角。

3.不断发展的发泄心理。

4.明确的指向性。在职场中,曾经相差不大、平起平坐的同事,如今成了领导者,就会引发忌妒。

"职场忌妒症"的危害很多,是一种心理层面的敌意与竞争,它会使你无法看到现实,常使人产生偏见和对抗心理,造成人际关系的恶性循环,甚至威胁自己的身心健康。

忌妒如果处理不当,会对人际关系造成很大的困扰和烦恼。应该及时恰当地调整心态,驱逐办公室里的坏心情。下边给大家介绍几种减轻忌妒心的方法。

1.将忌妒化为动力。能把忌妒之心转化为向往成功的动力,就会使你赶上甚至超过别人,获得成功。

2.学会客观地评价自己。当忌妒心萌发时,控制住自己的忌妒动机和情感。同时,客观地评价自己,认清了自己,再重新审视别人,就会看到真实的情况。

3.多感受快乐。从日常的工作、生活中寻找快乐,不要自讨苦吃地追求忌妒。

4.多和亲朋好友交流。谈谈工作上的困扰,特别是和自己的伴侣交流,可以很好地宣泄、开导内心的不良情绪,避免妒忌。

5.胸怀大度。学会换位思考,从对方的角度想一想,更多地接纳对方,而不是对抗对方。

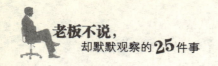

6.转移注意力。积极参与各种有益的活动，使自己真正充实起来，就无暇产生忌妒之心了。

7.看到自己的长处。任何人都有不如别人的地方，如果我们特意关注不如他人的地方就会造成心理失衡，所以多想一想自己比对方强的地方吧。

摒弃那团能烧掉一切的愤怒之火

> 如果你感觉自己的愤怒之火燃烧，就要大发雷霆，那么请在爆发之前停顿15分钟，或过一个小时再发邮件。尽量使自己冷静，给自己多个选择。

愤怒管理学习班可以为易怒人群排忧，包括爱发脾气者、无故破坏公物者等。愤怒管理计划主要是试图寻求监禁以外的法庭，以及避免办公室气氛爆炸。对于压力大的工作，要未雨绸缪地进行愤怒管理项目，比如各大医院对"情绪大起大落"的医师开设愤怒管理项目，并作为上岗的前提条件。

大多数愤怒管理计划都强调"情商"，人们应该了解自己为何沮丧、恼怒或者不安，并能够建设适合自己的平和途径。

森美由于性情暴躁，总是与老板大吵后辞职或被辞职。气不过的她自己开了一家公司，然而在工作中她没有上司可吵，却觉得下属全是"无能之辈"，她又开始火冒三丈。眼看着一天天向她递交辞呈的下属，终于使她冷静了下来。错也不全在他们，主要是自己的脾气暴躁。

下边有一些有助于控制负面情绪的策略。

1.重新认识自己面临的状况。将一次困难或者沮丧的经历，设想为一个善意的解释。

2.不要反复想着所受的侮辱或者不公平。

3.找出一个解决办法应对目前的问题。转移注意力，从考虑"愤怒日志"到监控导致自己愤怒的因素。

4.进行健康检查。愤怒,无论是压抑或是爆发都会导致身体问题。有调查显示,每年约有 3 万例心脏病突发是由瞬间的愤怒触发的。

5.警惕愤怒情绪一般会逐级升化。从 1(沮丧)到 10(暴怒)评估自己的愤怒情绪。若在 3~4 时管住自己,就应更加理性地考虑问题。

6.清醒地认识眼下的状况。你只需要考虑现在如何有效地应对眼下的状况。

7.当大发雷霆、蓄势待发时,请稍作停顿。

8.计算愤怒的成本。不要认为愤怒会给予一定的优势,它只会使你看起来像个白痴。

9.关注生活中的重要事情,不要让过眼烟云的事情蒙住双眼。

10.不要用酒精使你"平静"下来。

11.用锻炼消耗精力。一次轻快的散步也会有助于你平和情绪。

12.当忍不住要发火时,告诉自己:我需要沉默几分钟的时间,给自己一个控制愤怒的机会。

自恋让你走上职场自毁之路

自我陶醉和欣赏,过多地关注自己,而且常沉浸在不切实际的幻想中,这就是自恋。其实,自恋会是一扇自毁之门。

自恋的人会表现得骄傲、傲慢,要求得到赞扬、特殊的优待,却从不设身处地为别人着想,当别人不赞同时,还会认为别人在妒忌。在职场中,很多人因为自恋而前途暗淡。

陈澍在一家大公司上班,他希望能获得公司认可,早日升迁,于是很努力地工作。但是,由于公司规模大,陈澍一直没有得到较大的升迁。

陈澍将自己未发展的原因归咎于上司的强控制欲、权力欲,以及同事的

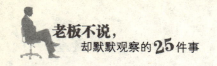

嫉贤妒能。而且，上司对自己没有一个明确的培训计划。这些都使得陈澍觉得"屈才"。

终于，陈澍离开了公司，还自认为上司肯定会非常后悔，会觉得离不开自己，自己走后肯定乱作一团。这些想法使得陈澍带着一份满意的笑容离开了公司。

陈澍这样的心理大多是自恋心理的体现：以自我为中心、不愿接受批评、过分自高自大，并夸大其词自己的才能，认为自己应该有特权，没有同情心、爱忌妒他人。

对此，专家认为：很多人自认为的"表现好"，却非领导认可。因此，这种表现好和升职之间也没有必然联系。自恋者固守于一种狭隘、片面的主观意识，缺乏客观、理性的态度。

自恋的人内心里是极度自卑的，是一种无法认同自己是被别人需要的人。自恋的人总是把自己的期望、想法强加给未来，而相应地会产生不甘于现状的反抗外在的压抑心情。下边几种方法能缓解自恋心理。

1.提高能力。让自己"看起来"有价值，要把能得到他人认可的业绩和成绩表示出来，以获得重视。

2.学会爱别人。多一份爱心，真心实意地关心别人，从自恋心理的泥潭中走出来。

3.解除自我为中心。要时刻告诫自己，不要太过于在意别人的赞美之词，不要让自我为中心的心理有生根发芽的机会。

4.多看看别人的长处。多观察那些职位比你高的同事，从他们那里学习比你强的地方。

5.适时地沟通。一定要与上司或老板沟通，以便让他们知道你在做什么，还能从他们那学到一些东西。

6.学会谦虚。要记住"好汉不提当年勇"，要谦虚谨慎、戒骄戒躁。

多看看别人的长处，学会提升自己能力，不要让"自恋行囊"过于沉重，不然离走上自毁之路也就不远了。

第 25 章

你是否能让他人发现你的亮点

要学会抓住能够让你"露一手"的关键时刻，要抓住机会。这个时候要鼓起勇气，不能退缩。这种"露一手"其实是你的特点、光亮的展示，而对于自身的优点，我们不仅要善于抓机会，还要善于创造机会，这就要适时地展现自己。在职场中，一定要懂得扬长避短，不仅注意自己优势的展示，还要注意对自己劣势的提升。通过阅读本章，估计对你在这方面会有所帮助和提醒。

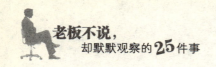

神秘感，使你更富吸引力

当你在社会交往中已经保持良好的人际关系时，还想得到更多仰望的眼光，可以适当地掌握与人保持适度距离的做法。这样可以使他人对你产生适当的神秘感，会让你更有吸引力。

心理学中有一种升值规律，即越是难以得到或是接近的东西，越有魅力和价值。比如刚认识不久的人，彼此都非常迫切地希望知道对方的事情，虽然是情有可原，却也会造成不利局面。因为当全部事情被了解后，对你的兴趣就会随之急速冷却。在职场中，更是要注意保持神秘感。这并不是指拉远距离，隔着 10 米远说话，而是一种与人关系的把握。

一位心理学家做过这样一个实验。在刚开始允许进入的大阅览室里，当里面只有一位读者时，心理学家选择坐在这个人的旁边。就这样一共进行了整整 80 次。结果证明，在一个空旷的阅览室里，如果只有两个人，没有一个被试者能够忍受有陌生人紧挨自己坐下。因此，人与人之间需要保持一定的空间距离。每个人都需要在自己的周围有一个自己可以掌控的自我空间，它就像一个无形的为自己"割据"的"领域"。如果有人触犯到这个空间内，就会感到不舒服、不安全，甚至恼怒起来。

专家为我们提供了一些参考数据，帮我们了解正常的交往范围：

1.社交距离：近范围为 1.2~2.1 米，远范围为 2.1~3.7 米。这个距离体现出一种社交性或礼节上的较正式关系。比如工作环境、社交聚会都是这个距离。

2.个人距离：近范围是 46~76 厘米，远范围是 76~122 厘米。这是人际交往中稍有分寸感的距离，少有直接的身体接触，能相互亲切握手，是熟人交往的空间。

3.亲密距离：近范围约 15 厘米之内，远范围是 15~44 厘米。这是最小间隔或几无间隔，即"亲密无间"，体现出亲密友好的人际关系。

4.公众距离：近范围是 3.7~7.6 米，远范围在 7.6 米之外。这是公开演讲与听众所保持的距离。

通过了解这些交际距离，对于大家的办公室交往保持良好的人际关系是有很大帮助的。掌握与人保持适度距离的技巧，距离产生的神秘感会让你更加富于吸引力。

关键时刻在人前"露一手"

在关键的时刻，在职场中往往就是难得的机会。面临这种时刻，不能退缩，不能没有主见，要表现出非凡的决策能力。如果能找到自己的闪光点，就可借此一显身手。

工作中，但凡敢于露一手的人，心理状态都颇佳，这就叫该出手时就出手。没自信的人，即便是看到别人的优点，想与其接近，又怕遭到拒绝；既想在他人面前表述自己的观点，又怕丢面子；既想插入到别人的谈论中，又怕别人对自己没兴趣，于是甘受冷落。曹操说："夫英雄者，胸怀大志，腹有良谋，有包藏宇宙之机，吞吐天地之志也。"

一个有战略眼光的决策者、成大事者，应具有统帅全局的战略头脑，善于把握事物发展的趋势和规律，从而作出正确的决策。要能如此，就需要不断提高自身的修养、创新的思想；丰富自己的知识，具有出色的分析、判断能力。在纷繁的事务中，分清孰重孰轻；在错综复杂的人际关系中，明确各个层次、各个类别的人员个体和群体的德才、思想和相互关系，并能调动他们的积极性和主动性。

人的个性各有千秋，只要你找到自己的闪光点，便可以在合适的时候"露一手"。

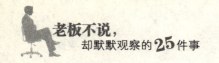

东施效颦是我们所熟知的故事。东施为了能变得与西施一样美丽，模仿西施捧心皱眉，却闹出笑话、事与愿违。东施一番自省，后来感悟到西施捧心美，是其天生丽质，非矫揉造作，没有刻意去掩饰自己的病态。于是，东施认为虽然自己相貌不佳，但心地善良，也不失为一个热情好客的人，而且人又健康。自己也很不错呀！那又何必去模仿人家呢？

于是，东施率性而为，做回自己，后来成为全村知名的勤快、能干、热情的农妇。

因此，不用刻意地模仿别人，将最好的一面展示给众人，挖掘你的潜力，锻炼你的勇气，不断增长自己的知识，你就已经迈出了成功的第一步。

扬长避短，你会更显光彩

克服"短板定理"对于个人十分重要，将自己的长处发挥出来，比努力去补齐短板更为重要。"世界上没有完全相同的两片树叶"，人亦如此。每个人都有自己的特质和特长，不要轻易地否定自己，不要怀疑自己。

古人云："梅须逊雪三分白，雪却输梅一段香。"每个人或多或少都会在一个方面有所欠缺，就是伟人也毫不例外：罗斯福小儿麻痹、拿破仑矮小、林肯丑陋。即便是一些缺点是先天所生，后天努力也无法改变，这些也都不会成为阻挡光辉人生的障碍。

李一是瑞士银行中国区主席兼总裁，他最初是在美国迈阿密大学留学，所学专业是体育管理。当他发现这是"属于富人玩的游戏"时，于是毅然报考沃顿商学院。

该学院是世界首屈一指的商学院，李一经过 3 次面试，仍没结果。最后一次面试，他直截了当地问主考官："如果我不被录取，最可能的原因是什么？"

"很可能是你没有工作经验。录取的前提条件是要有商务工作经验。"

李一立刻反驳："沃顿作为世界最优秀的商学院，是培养未来商务领袖的。但世界各国发展很不平衡，如果在商务成熟的国家招生特别多，而像中国这样的发展中国家不招一个，岂不与学院的办学宗旨相矛盾？"

主考官很欣赏李一的言论。面试出来后，招生办主席秘书告知李一："主席对你的印象特别好，你很自信，与众不同。"于是，在当年52个申请该校的中国学生当中，李一是唯一被沃顿商学院录取的中国学生。

其实，每个人都有自己的可取之处。比如你有一双巧手，但不一定外表出众；你现在的工资可能没有大学同学的工资高，但你的前景更广阔等。没有绝对的好，只有相对的好，同样，成功、失败也是如此。乌龟永远没有兔子跑得快，但它的寿命却很长久，因此你要找到自己的长处，发展自己的优势。

这个世界上总有一条适合自己走的路。要根据自己的特长来规划自己的未来，量力而行，并且考虑自身环境、因素等确定发展方向。不要埋怨环境与条件，不能坐等机会，拿出成果来，获得社会的承认。当你事业受挫时，不必丧气、灰心，坚强的信念定能点亮成功的灯盏。

在一个凭实力说话的年代，仔细分析明确个人的长处，确定自己要走的道路，就要选好自己的工作岗位。在一个能发挥自己价值的岗位上有所作为，凭自己的业绩说话，凭自己的成绩得到社会认可，走向事业的辉煌。

心中常存责任感

准时上下班、不迟到、不早退，这就是敬业了吧？如果你将此定义为敬业，并心安理得地去领工资，那你需要好好读读下边的文字。

敬业所需的工作态度是非常严格的。不论你从事哪种行业，都应始终将责任感存放于心，敬重自己的工作，忠于职守、全力以赴地投身工作的事业中，这才是真正的敬业。

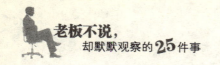

　　成年后，我们会慢慢承担起各种责任，对亲人、对家庭、对朋友、对工作……正是存在着这样或那样的责任，才会使我们有所约束而不致妄为。社会学家戴维斯曾说过："放弃了自己对社会的责任，就意味着放弃了自身在这个社会中更好的生存机会。"

　　一份工作、一个职位赋予了我们一份职责，工作就意味着责任。在我们承担一定工作时，我们就要担负起相应的责任。这也就是我们需要责任感的主要原因。

　　需要辨别责任感与责任的不同。所谓责任是对任务的一种承担和负责，而责任感则是当事人对所承担任务、对所工作群体的一种态度。责任感是简单而无价的。据说在杜鲁门的办公桌上摆着这样一个牌子，上面印有：Book of stop here（责任到此，不能再拖）的字样。这种说法的真实性并不重要，而它传递出的这份责任感却是值得我们深思的。责任感是一种简单而无价的、需要我们始终保有的情怀。

　　工作中的责任感强弱决定了我们的工作状态，是尽心尽责还是浑浑噩噩。同时，也决定了工作的结果，是高质量还是低水平。如果在工作中，你始终能"Book of stop here"地对待每件事，并且出现问题时也绝不推脱，而是设法改善，那么回报你的将是足够的尊敬和荣誉。

　　当我们满怀责任感工作时，就会从中积累更多的经验，学到更多的知识，就能收获全身心投入工作时的满足感。起初我们或许感受不到责任感的效果，但可以肯定的是，如果你养成了懒散敷衍的习惯，那做起事来就不会那么诚实，长此以往，你收获的只有同事对你工作的轻视、对你人品的否认。粗劣的工作，必会导致粗劣的生活。做着粗劣的工作，持有低下的工作效率，只会使人丧失做事的才能。工作上投机取巧只会给老板带来暂时的经济损失，而于你自身却可能造成前程的毁灭。

　　生活中，我们不乏听到因缺乏责任感而产生的各种事故。如不负责任的建筑工，粗糙地将砖石、木料拼凑在一起而搭建出来的危房，也许一场稍强的暴风雨就会使其坍塌；如不负责任的医生在学习时就偷工减料，没能很好地掌握相关的技术，结果在临床中笨手笨脚，给病人徒增了很多没必要的生命风险；如不负责任的律师没能将相关的法律烂熟于心，办起案来捉襟见肘，使当事人白白浪费金钱；如不负责任的财务人员在财务往来中错写账号，那么给公司带来的就是直接的经济甚至是信誉的损失……像这样的缺乏责任感，除了给他人带来这样或那样的损失，留给自己的也只能是失去工作资格的恶果了。对于这一点，从下边的事例中你会得到很好的体悟。

老赵是个有经验的老木匠，在他近乎一生的木工生涯中始终敬业、诚恳、勤奋地劳作，很是受到老板的赏识与信任。然而，岁月催人老，转眼间老赵已是年老力衰，他也想退休享受天伦之乐。然而，老板对他确实不舍，并再三挽留，但老赵已拿定主意，不为所动。万般无奈的老板也只好答应。但是，却希望他最后帮助自己再盖一所房子，碍于多年的雇主之情，老赵答应了。

已归心似箭的老赵，心思已全不在工作上。从选料到做活，都已不再那么严格，有失往日水准。此情此景老板都看在眼里，却什么也不说。待房子盖好之时，老板将钥匙交给了老赵。

"它是你的了，这是我送给你的礼物。"老板说道。

此时的老赵已是悔恨、羞愧地无以言语。一生中他盖了那么多坚实的华亭豪宅，到头来却给自己建了座低质量的房子。

一个人可以盖出华亭豪宅，也可造出粗制滥造的危房，这其中绝非技艺的差异，而纯为责任感的有无。如果你希望自己能与众不同，杰出于众人，那就请在心中种下责任的种子，让责任感激励、鞭策、监督自己，使你远离松懈、懈怠之情。

责任感不是有权人的特质，一个企业、一家公司是由每名员工组成的，大家有着共同的目标和利益，企业中的每一个人都担负着企业的生死存亡、兴衰成败。在责任感面前，没有职位高低之分。

当你不能把企业的利益与自身利益捆绑在一起时，自然不会因自己不当的行为影响企业利益而不安，更不会处处为企业着想了。这样的人在老板的眼里自然是不可靠、不值得信任的，倘若他们伤害了公司、客户的利益，那

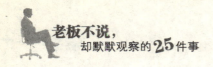

老板只能毫不犹豫地将其解雇。

责任心强的员工，不仅会恪尽职守地完成分内的工作，而且会时刻为企业着想。上司也会因拥有这样关爱自己企业的员工而骄傲，也会因拥有这样关注企业前途的员工而自豪，当然这样的员工才能够得到企业更多的信任。实践告诉我们，只有勇于承担责任、具有强烈责任感的人，才有可能被赋予更多的使命，才有资格荣得莫大的荣誉。

工作中是尽自己的最大努力充满责任感，还是敷衍了事，往往是事业成功与否的分水岭。事业有成者往往力求尽心尽责、毫不松懈，无论他们从事什么职业，都不会疏忽轻率。

在一段时间内保持责任感，以便顺利完成自己手中的工作似乎并非难事。但是，如果持之以恒，要求工作中的每个细节都能赋予这种责任心并非易事。因为，在我们的坚持中，掺杂着很多诱惑，如若没有坚定的意志，没有深入脑海的强烈意识，责任感则难以战胜懒散的心理。

责任感并非与生俱来，是需要我们特意栽培、耐心培养的。注重工作中的细节，有助于我们养成责任感。当责任感成为一种习惯，变成一种人生态度时，我们已无须刻意寻求它，而它却已在无形中使我们承担起相应的责任了。这正如一家公交公司的司机，能坚持让车厢保持整洁；一个书店的营业员，能坚持让书架上的书保持清洁，他们都是于无形中将责任心养成了习惯。当我们习惯于做某事时，就不会感到烦劳；当我们在责任的感召下做事，就会懂得取舍，而不会为放弃还是保留而苦恼。